飞机目标动态电磁散射特性建模与应用

张晨新　庄亚强　张小宽　著

国防工业出版社
·北京·

内 容 简 介

本书对飞机动态电磁散射特性建模仿真进行了全面阐述,对目标动态电磁特性在雷达探测中的应用进行了介绍。

全书共分6章。第1章介绍了研究雷达目标特性的意义,以及目标电磁散射特性和应用的研究现状。第2章介绍了雷达散射特性的基本知识,基于仿真软件研究了飞机目标静态电磁散射特性,建立了目标的全空域静态RCS数据库。第3章研究了运动飞机的随机抖振模型,分析了影响飞机随机抖振的因素,以及其对飞机动态散射特性造成的影响。第4章研究了飞机动态电磁散射特性的精确建模方法,基于空气动力学原理、双线性插值法、随机抖振模型建立了典型航迹下的飞机动态电磁散射特性仿真模型。第5章研究了飞机动态散射特性的统计建模,提出了一种通用的多参数起伏统计模型,其在飞机目标动态散射特性的统计建模中具有更高的精度和更广泛的适用性。第6章研究了飞机动态特性对雷达探测的影响。

本书可以作为科技人员研究飞机电磁散射特性和应用的参考书,也可以作为电子科学与技术和相关专业研究生的专业课教材。

图书在版编目(CIP)数据

飞机目标动态电磁散射特性建模与应用/张晨新,
庄亚强,张小宽著.—北京:国防工业出版社,
2022.3

ISBN 978 - 7 - 118 - 12331 - 9

Ⅰ.①飞… Ⅱ.①张… ②庄… ③张… Ⅲ.①飞机 -
电磁波散射 - 仿真 - 研究 Ⅳ.①V271

中国版本图书馆 CIP 数据核字(2021)第 209216 号

※

国防工业出版社出版发行

(北京市海淀区紫竹院南路23号 邮政编码100048)
天津嘉恒印务有限公司印刷
新华书店经售

*

开本710×1000 1/16 印张6¼ 字数106千字
2022 年3月第1版第1次印刷 印数1—1500 册 定价49.00元

前　　言

　　自第二次世界大战雷达问世以来,雷达首先是为了探测飞机目标而生,由此目标特性的变化逐渐进入了人们的视野,目标特性变化造成的雷达探测距离的变化使人们不断地进行研究,探索目标特性变化与雷达探测之间的关系和规律。特别是进入 21 世纪以来,随着隐身飞机的不断应用,飞机目标电磁散射特性对雷达探测的影响更加深远并且日益严重,促使更多科技工作者运用多种方法对目标电磁散射特性进行研究,得出了很多有益的结论。

　　目前常用的方法是运用准静态方法进行研究,把飞机目标当作一个刚体,首先仿真出飞机的静态电磁散射特性,然后把飞机姿态和雷达探测的视线进行关联,进行坐标转换,从而得出飞机航线上各点的电磁散射特性。这样研究就忽略了飞机目标的速度、高度、振动、姿态等以及大气和环境对飞机动态电磁散射特性的影响。本书试图运用随机抖振建模、基于空气动力学原理的动态电磁散射特性建模和动态散射特性统计建模的方法对飞机动态电磁散射特性建模给出有益的结论和方法,以期对科技工作者有所帮助和启发。

　　全书共分 6 章。第 1 章介绍了研究雷达目标特性的意义,以及目标电磁散射特性和应用的研究现状。第 2 章主要介绍了基于仿真软件研究飞机目标静态电磁散射特性。首先介绍了雷达散射截面的定义、研究手段和影响因素;其次研究了复杂目标精确几何建模的原则和方法;最后基于电磁仿真软件,建立了目标的全空域静态 RCS 数据库,并分析了飞机目标的静态 RCS 特性。第 3 章主要研究了运动飞机的随机抖振模型。首先分析了影响飞机随机抖振的因素,以及其对飞机动态散射特性造成的影响;然后采用线性回归分析的方法对随机抖振进行建模,主要研究了随机抖振影响与飞行高度之间的模型,利用实测数据对模型的准确性进行了验证。第 4 章主要研究了飞机动态电磁散射特性的精确建模方法。首先,基于空气动力学原理研究了航迹建模;其次介绍了相关坐标系定义及变换关系以及"准静态法"所用的双线性插值法;最后基于"准静态法"和随机抖振模型仿真了典型航迹下的飞机动态电磁散射特性。第 5 章主要研究了飞机动态散射特性的统计建模。首先基于传统的 3 种统计模型分析了典型航迹下动态 RCS 的统计特性,分析了航迹因素对统计特性的影响;其次提出了一种通用的多参数起伏统计模型,其在飞机目标动态散射特性的统计建模中具有更高的精度和更广泛的适用性。第6章主要研究了飞机动态特性对雷达探测的影响。首先分别介绍了单基地雷达和双基地雷达的探测原理,并给出探测范围的计算方法;然后针对目标机动的前提下,分别从不同飞行高度、雷达频率、雷达基线长度和雷达站相对位置4个方面仿真计算了单/双基地雷达对隐身目标的探测范围,给反隐身探测效能评估及布站方式选择提供了理论依据与技术手段。

本书的撰写基于团队多年来对目标特性的思考、研究和试验的结果,由于作者才疏学浅,研究难免存在不全面和有疏漏的地方,谨请专家学者不吝赐教,多提宝贵意见。

作者
2020 年 6 月

目　　录

第1章 绪 论

1.1 雷达目标电磁特性的研究意义

雷达目标特性研究是一项重要的国防科技应用基础研究,涉及武器装备研制和作战使用研究的各个方面[1]。雷达目标特性包含雷达目标尺度信息(位置与轨迹)与雷达目标特征信息两部分。雷达目标特征信息隐含于雷达回波之中,包含雷达散射截面(Radar Cross Section,RCS)、角闪烁、多普勒频移、极化散射矩阵等参量,其中 RCS 是最基本和最重要的一个物理量[2]。

RCS 表征雷达目标对照射电磁波的散射能力,它与照射电磁波的频率、极化、目标相对于雷达的姿态、目标本身的固有特性等因素有关。对于目标而言,RCS 能够用来定量描述目标的雷达隐身性能,同时也是探测和跟踪所必要的雷达目标特征之一[2]。随着传感器技术和计算机仿真技术的发展,对复杂雷达目标 RCS 特性的预估和测量研究越来越深入,极大拓展了 RCS 特性在回波仿真、探测跟踪以及战术机动突防等方面应用前景。在回波仿真领域,RCS 精确预估技术使得回波仿真更为精确,从而提高了武器系统效能评估的准确性。在探测跟踪领域,用目标实时动态 RCS 替代某个笼统定值计算探测概率,使探测概率更加贴近实际情况。在机动突防方面,战机全向动态 RCS 特性是制定突击精细规划策略的关键[3],无人机航迹的实时规划目前也是基于动态 RCS 模型实现的[4]。总之,目标的 RCS 特性在雷达工程领域中占据着极其重要的地位。

根据目标的运动状态,将 RCS 特性分为静态特性和动态特性两个方面。静态 RCS 特性是指目标静止时的 RCS 特性,常用 RCS 值与雷达视线角的对应关系进行表述,目标静态 RCS 及其统计参数一般作为武器装备的性能指标给出。在目标特性应用研究中,动态 RCS 特性具有更高的应用价值,因为在实际作战过程中,动态 RCS 反映了雷达获取数据的时序信息。动态 RCS 特性可以通过电磁计算和外场动态测量两种方式开展研究。动态测量数据能够真实地反映出运动目标的 RCS 特性,最为贴近实战应用。但是动态测量的成本代价高,对场地的要求严格,人为随机误差因素多,而且对非合作目标无法实现。因而,电磁建模仿真方法成为研究目标动态 RCS 特性的必然选择。动态 RCS 仿真的置信度取决于目标几何建模、电磁计算和运动建模的准确度。只要这三者的精度足够高,那么仿真 RCS 的特性将与实测 RCS 的特性十分逼近。

目标在实际运动过程中,雷达视线角随时间变化,所以每一时刻雷达观测到的 RCS 特性是不一样的,同时目标的形体变化、活动部件等因素也会影响动态 RCS 特性。在运动过程中目标姿态还受到侧向风和气流的影响,导致运动过程中的飞行姿态扰动。由于 RCS 是姿态敏感函数,因此姿态角的微小变化都有可能引起 RCS 的剧烈起伏[5]。综合上述因素,目标的动态 RCS 表现为无规律的剧烈起伏,因此在雷达工程领域普遍采用统计建模的方法来分析动态 RCS 的起伏特性并加以应用。20 世纪 60 年代,Swerling 首先应用 Swerling 起伏统计模型来描述 RCS 起伏损耗对雷达检测性能的影响[6],后来研究人员又提出了以卡方分布[7]、对数正态分布[8]和赖斯分布[9]为主体的第二代统计模型。但是目标动态 RCS 的统计分布不仅取决于目标本身属性,还与运动规律有关,因而难以规范化地统一建模。为了使同一分布规律适合于不同视向角区域和不同航迹,采用多参数的通用统计分布函数代替早期比较简单的分布函数是目前发展的趋势,使得一种统计分布具有更广泛的普遍适用性。

基于上述分析,从实际应用的角度出发,实现目标动态电磁散射特性的精确建模有助于研究非合作目标的特性,为武器装备研制和部队战法演练提供理论支持与决策依据。研究精确的通用起伏统计模型,对改善雷达系统的检测性能和实现雷达目标回波的精确仿真具有重要的理论意义。

1.2 目标散射特性的研究进展

1.2.1 目标静态散射特性

研究雷达目标静态散射特性主要有两种手段,即试验测试和仿真建模。测试手段可细分为缩比模型测试和全尺寸模型或整机测试。静态测试是获取目标真实 RCS 特性的最直接方式,也是装备研制过程中必须开展的一个阶段,对于隐身技术的发展具有重要的支撑性作用。建模仿真是指首先对目标外形进行几何建模,然后再用电磁计算方法或者仿真软件对目标的静态散射特性进行分析。

任何一种隐身飞机的研发都需要开展大量的 RCS 测试,正是不断的测试和方案修改成就了飞机卓越的隐身性能。第四代战斗机 F - 22 在研发过程中全程采用全尺寸模型进行隐身性能测试,极大降低计划过程中的风险[10]。静态测试项目在 Helendale 航空电子设备测试场进行,部件测试共耗时约 4000h,整机模型测试共完成逾 300h 的试验,用于测试的模型达到了产品级的公差精度,是当时最精确的特征信号测试模型。正是这些测试最终造就了 F-22 的低可探测性特征。

北京航空航天大学张云飞等对两种非合作隐身飞机模型的散射特性开展了测试与分析[11],并采用了部分 RCS 减缩措施,使模型尽可能模拟真机的散射特性,最后从模型测试数据出发,分析了隐身飞机设计的特点和暴露距离,突显了采取减缩 RCS 措施的效果,为实现武器装备隐身化发展提供了参考依据。文献[12]中对两种隐身飞行器的平板缩比模型开展了测试研究,提出了飞行器复杂散射体瑞利区、谐振区和高频区划分的新方法,研究结果表明飞行器的外形隐身措施存在不能超越的极限,此时需要采取外形和材料隐身相结合的方法以达到理想的隐身效果。

由于隐身目标的 RCS 在 -20dB 量级,而且在测量中还会有衰减。针对此问题,文献[13]中研究了微波暗室内提高低散射目标 RCS 测量精度的方法。通过在转台前设置吸波墙实现目标与转台杂波的时域分离,并将宽带扫频变换到时域,从时域数据提取目标宽带 RCS 值,从而避免了 RCS 波动性的不利影响,在时域对消后采用自相关匹配滤波进一步提高了目标的信杂比,最后选用 sinc 窗函数减小数据截断影响,实测数据表明这些综合措施能有效提高低散射目标 RCS 的测量精度。空军工程大学吴德伟教授的课题组展望了 RCS 紧缩场测量技术在无线电通信导航领域的应用前景[14]。

虽然目标散射特性测量研究取得了丰硕的理论和实践成果,并仍在迅速发展,但是测量试验对场地的要求高、试验成本昂贵,是一般的科研院所无法承担的。因此,建模仿真手段成为研究雷达目标特性的重要手段之一,仿真结果的置信度取决于目标几何建模的精度和算法的有效性。精确曲面建模技术[15-16]和电磁计算方法[17-18]的成熟极大地促进了建模仿真技术的发展。

文献[16]研究了基于通用 CAD 模型的复杂目标 RCS 计算,首先通过几何构型软件建立目标的 CAD 模型,然后对模型进行网格剖分,最后形成可用于计算的小三角面元模型。该方法克服了采用部件分解法计算误差大的缺点,同时也避免了采用自开发的程序建模中修改代码繁琐的问题。计算结果与理论值的一致性验证了该方法的实用性和通用性。

在电磁计算方法方面,西安电子科技大学李建瀛等在矩量法的基础上应用 MLFMA 中的 ILU 法的加速收敛技术,使大型目标的 RCS 计算效率明显提高,节约了计算时间[19]。哈尔滨工业大学的伍光新等采用矩量法研究了高频波段飞机目标的 RCS 特性[20],分析了飞机各主要部件对整机 RCS 的影响和贡献,确定

3

了散射源的分布,并探讨了 RCS 对机身长度、宽度和机翼宽度变化的敏感程度,研究成果对高频地波超视距雷达探测低空威胁目标具有重要意义。文献[21]中为了分析影响军用复杂目标 RCS 起伏的主要因素(如频率、视角、极化等),运用图形电磁计算方法(Graphical Elecctromagnetic Computing,GRECO)对主要影响因素进行逐一仿真分析,若通过试验测试完成上述内容分析,其代价无疑是非常昂贵的。

1.2.2　目标动态散射特性

在实际的作战运用中,雷达目标总是处于运动状态,因此研究雷达目标的动态散射特性在雷达探测、目标识别和电子战技术领域具有更为重要的应用价值。获取目标的动态散射特性也可分为测试和仿真两种手段。

外场试验测量是在干扰相对较少的空间测量目标处于运动或者静止状态下的散射特性,尤其是对目标在运动状态下的散射特性的测量,这是获取第一手资料数据的唯一手段[11]。由于在实战中雷达目标往往处于运动状态,外场中的动态测量数据更能够反映其在实战中的目标特性状态,更能体现目标的特征,这种外场测量实际是对实战的模拟试验,对雷达目标的隐身设计和雷达探测预警效能评估等发挥着不可替代的作用。因此,世界各军事强国很早就重视隐身测试场的发展和建设。例如,美国在全国各地修建了 28 个大型室外测试场[22],其中建立在大西洋靶场的动态 RCS 测量系统可提供 150MHz ~ 35GHz 的实时 RCS 测量[23],另外英国、德国等也都建立了相应的外场测量设施[22]。中国飞行试验研究院也开展了动态测试的相关研究[24]。文献[25]重点介绍了 RCS 测试外场所必备的条件,以及实施某些具体试验的设备,如吸波材料效能评估、缩比模型测试和诊断成像等。

虽然外场动态测试得到了各国的普遍重视和大量投入,但仿真计算凭借其成本优势、可重复性等优点也牢牢占据着动态特性研究的一席之地,被广泛应用在装备的概念设计阶段和非合作目标研究中。

1996 年,美国空军技术学院 J. J. Sacchini 教授研究了飞机目标的动态雷达特征仿真[26],以 C - 29 飞机为研究对象,将运动形式细分为刚体运动和个别散射中心的运动,除了仿真飞机的散射场外,还研究了多普勒频移和角闪烁等动态特征。2008 年,北京航空航天大学的苏东林教授在此刚体运动模型的基础上,采用 GRECO 算法研究了姿态扰动对动态 RCS 特性的影响[27]。

国内对雷达目标的动态散射特性仿真研究也相对成熟,目标种类包括直升机目标、空间目标和隐身飞机目标,主要集中在国防科技大学、北京航空航天大学、西北工业大学、空军工程大学、航天二院等高校及科研院所。目前仿真目标的动态 RCS 特性大多都是基于准静态方法,由于目标的运动速度远远小于光速,故认为取样时刻(或视线角)的目标处于静止状态,每一时刻都有一个对应的静态 RCS 值,然后根据时序即可构建动态 RCS 特性。在目标静态 RCS 数据已知的前提下,动态 RCS 序列只与取样时刻的入射电磁波视线角信息有关,因此只要能解算出运动时雷达视线的实时视线角信息,即可获取目标动态散射特性。航迹信息一般是以目标在雷达坐标系中的坐标给出,若要解算雷达在目标坐标系中的坐标信息必须进行坐标变换[28]。文献[29]中针对飞机静态测量和动态测量的姿态一致性开展了研究,引入了极化坐标系,对坐标变换矩阵进行了修正补偿,研究结果有助于静态测量结果和动态测量结果的对比,并对目标动态特性的仿真有一定的指导作用。

文献[30 – 31]从中段弹道目标的运动学特性出发,根据仿真弹道求出运动时的方位角,然后结合静态 RCS 的暗室缩比模型测量数据和高频方法的计算数据,获得中段进动弹道目标在设定场景下的动态 RCS 特性,为导弹探测和真假目标识别提供了参考依据。文献[32]分析了空间目标的高速运动和微动对电磁波的调制机理,并把这两种调制机理与静态数据相结合,生成了空间目标的动态 RCS 信息和一维距离像。

文献[33]中在缺少复杂目标精确外形信息的情况下,采用关键节点和二次曲线来拟合目标轮廓,并通过 OpenGL 将目标外形信息提供给电磁计算软件,用 GRECO 方法仿真了静态 RCS。在运动建模过程中叠加了飞行时的姿态随机抖动的影响,使得仿真动态 RCS 特性更加贴近实际。国防科技大学徐振海教授课题组从 F – 117A 的性能参数出发,基于空气动力学原理解算出飞机侧站盘旋的雷达视线角信息,最后在 FEKO 软件中计算这些视线角对应的 RCS 值,即可构成飞机侧站盘旋的动态 RCS 特性,并比较了动静态 RCS 在起伏目标检测性能评估上的差异[34]。文献[35]中基于 SQL Server 数据库开发了动态 RCS 测量的信号仿真系统,系统存储和管理了多个目标在不同波段和极化方式下的雷达回波仿真数据,可以在不同种类雷达与目标的动态测试仿真中进行实时调用。文献[36]提出一种利用小波变换和粗糙集的方法对 RCS 进行处理,然后再通过逆变换得到 RCS,这种处理方法去噪声能力强,得到比较精确的 RCS,对研究雷达目标的 RCS 具有重要意义。文献[37]使用 CATIA 软件和 RCS Ansys 软件对飞机机翼前缘后掠角对其雷达散射特性的影响进行仿真模拟计算,并对结果进行了数理分析。

关于研究飞机运动过程中随机抖振现象对动态电磁散射特性的影响报道较少。文献[38]专门提出针对飞机在飞行过程中因为气流、侧向风等因素影响导致的飞机自身的随机抖振,随机抖振模型为

$$\begin{cases} \phi_{t+1} = \phi_t \rho + \sqrt{1-\rho}\, \mathrm{rand}(t+1)\sigma_\phi \\ \theta_{t+1} = \theta_t \rho + \sqrt{1-\rho}\, \mathrm{rand}(t+1)\sigma_\theta \end{cases} \tag{1.1}$$

式中：ϕ_{t+1}、θ_{t+1} 分别为 $t+1$ 时刻方位角和俯仰角的扰动量；$\mathrm{rand}(t+1)$ 为在 $[-1,1]$ 上的正态分布；σ_ϕ 为方位角扰动方差；σ_θ 为俯仰角扰动方差；$\rho = \exp(-\Delta t/T)$，Δt 为取样间隔，T 为飞机扰动周期。

北京航空航天大学谢拥军教授课题组通过将图形电磁计算与蒙特卡罗仿真结合，构建以均匀随机分布为扰动模型的动态 RCS 仿真分析平台。根据静动态 RCS 差异的统计分布特性，提出置信区间以及数学期望值的计算方法，具有较强可操作性和工程应用价值[39]。

近年来笔者课题组在雷达目标动态电磁散射特性仿真与随机抖振建模方面也取得了一部分研究成果。通过计算飞机的全空域静态 RCS 数据库，然后根据飞行航迹，解算雷达视线角信息，通过插值算法提取视线角对应的静态 RCS，从而构成动态 RCS 时间序列，并研究了不同高度和不同航路捷径对飞机动态 RCS 的影响，研究结果为隐身飞机航迹规划提供了依据[40-42]。在随机抖振建模方面，通过采用零均值的正态分布对基于准静态法得到的动态 RCS 仿真数据进行修正，使得修正后的仿真结果与实测数据在起伏特性、频谱特性和时间相关特性的一致性良好[43-44]。

1.2.3 目标动态散射特性的统计建模

在研究雷达目标的动态散射机理时，可以把目标看成由若干个散射点组成的，因此雷达回波可以认为是多个散射点的回波矢量合成，当雷达视线角发生变化，各散射点的相对相位也随之变化，导致总的回波幅度发生起伏。此外，受到非刚体目标的活动部件以及目标运动过程中的气流引起的姿态扰动等因素的综合影响，目标的动态 RCS 随视线角剧烈变化，是一个起伏量，因此需要研究 RCS 的统计特征。文献[45]将贪婪算法应用于从窄带 RCS 序列中分离统计特征，并提出了一种新的价值函数对贪婪算法进行了改进，研究结果有利于提高对空间目标的识别能力。

为了完善地描述动态 RCS 的起伏特性，普遍采用 RCS 的起伏统计模型进行研究。20 世纪 50 年代，Swerling 和 Marcum 等创建了 Swerling Ⅰ～Ⅴ 模型来描述回波起伏损耗对雷达检测性能的影响[6]，其中 Swerling Ⅴ 模型又称为 Marcum 模型，用于描述非起伏目标。由于隐身目标、非良导体目标以及高速飞行器等的出现，学者们又相继提出了更为通用的卡方分布模型(Chi-square)[7]、对数正态分布模型(Log-normal)[8]和赖斯分布模型(Rice)[9]，其形式伴随着雷达探测理论的发展不断被修正[46]。在实际工程应用中,卡方分布是应用最广泛的起伏统计模型。对于雷达工作者而言,确定雷达目标对象后,关心的是如何应用 RCS 起伏模型定量计算出雷达对目标的检测概率[2]。

David A. Shnidman 为了解决高信噪比条件下探测概率低的问题,提出了非中心伽马密度模型(Non Central Gamma,NCG)和双非中心伽马密度模型(NCG Gamma,NCGG)[47],从而改善了传统卡方分布模型在计算发现概率的若干不足。A. De Maio 提出了赖斯投影模型(Shadowed Rice)和瑞利 - 卡方双态目标起伏模型(Two State Rayleigh - Chi target fluctuation model)[48],同时给出了两种模型的物理推导过程和相关解析性质,并基于实测数据验证了模型的有效性。文献[49]将贝塔分布应用于复杂目标 RCS 的统计分析,并用蒙特卡罗方法比较了统计分析结果,研究成果有助于描述 RCS 统计建模的病态情况。针对海面双站 RCS 具有长拖尾的特征,文献[50]提出了基于 α - stable 分布模型的统计建模方法,分析了模型误差对海洋雷达目标探测的影响。文献[51]介绍了将广义赖斯分布应用于 RCS 统计建模的方法,与传统的 Swerling 模型相比,它可描述的目标种类更多。此外,国外的学者对目标模型的应用还进行了许多有益的探讨[52-54]。

国内在动态 RCS 统计建模研究领域也取得了丰硕的成果,已经广泛应用在无人机、直升机、民航飞机、隐身飞机、水面舰船和箔条云等雷达目标的统计分析中[55-60],卡方分布还被拓展应用到水下目标的目标强度统计建模领域[61]。

早在 20 世纪 90 年代,许小剑教授和黄培康教授提出了采用非参数建模方法实现了对 RCS 统计特性的精确描述[62],即用勒让德正交多项式逼近 RCS 的概率密度分布,但是由于该方法计算复杂,很难进行快速随机抽样,因此不能满足实时仿真的要求,所以没有得到进一步的发展。

国防科技大学冯德军教授针对传统起伏统计模型缺乏合理物理解释的缺点,提出了采用物理统计的非高斯模型对 RCS 进行统计建模,使得模型中的参数都有明确的物理意义,并讨论了模型的参数估计方法,最后用 3 种简单目标的静态实测数据验证了模型的优势,该方法为 RCS 统计建模提供了一种新的途径[63]。

文献[59]将不同视角范围的 RCS 数据进行区分讨论,基于某小型飞机的 S 波段实测数据,分别应用卡方分布和对数正态分布对 RCS 数据进行统计分析,并用 χ^2 拟合优度检验结果比较了不同分布的拟合效果,结果表明前后侧向的 RCS 概率密度函数服从卡方分布,而正侧向的数据服从对数正态分布。研究方法为有效分析复杂目标的 RCS 统计特性提供了借鉴。

西安电子科技大学史伟强等在文献[64]中首先研究韦布尔(Weibull)分布

与斯怀林Ⅰ、Ⅲ型和对数正态分布的等效条件,然后讨论了参数估计方法,并用单一变量法分析了参数变化对模型的影响,最后用这四类分布对双锥体和隐身飞机的 RCS 仿真数据统计建模,拟合误差和 Kolmogorov-Smirnov 拟合优度检验结果都表明了韦布尔分布的拟合效果更优。在文献[65-66]中,他们还提出了对数正态分布的修正形式——完备对数正态分布模型,无论是动态数据还是静态数据,当隐身飞机的 RCS 出现平均中值比(平均值与中值的比值)小于 1 时,完备对数正态分布比对数正态分布具有更高的拟合精度,拓展了对数正态分布的应用范围。

当目标 RCS 用起伏统计模型描述时,在目标回波的仿真中,通过直接生成符合相应统计分布的随机序列来完成,由于简单起伏统计模型存在拟合精度不高的问题,因此直接采用统计复现难以满足工程应用精度要求。文献[67]中提出了采用人工神经网络的 RCS 统计复现技术,使得多参数的通用统计模型发展具有广阔的应用前景。文献[68]针对隐身目标,提出一套完整的选择 RCS 最优分布模型的方法,由获取 RCS 数据、分布特性拟合及拟合优度检验三部分组成。

笔者课题组在目标动态 RCS 的统计建模方面也开展了相关研究。对不同频段和不同极化通道下的动态 RCS 进行统计分析,得出对数正态分布具有通用性[69-70]。提出了一种基于混合正态分布模型的 RCS 统计建模方法,该模型具有更优的拟合精度[71]。

1.2.4 雷达探测的研究现状

雷达探测范围的研究是通过单双基地[72-73]雷达方程来进行分析的,主要依靠不同位置处所对应的目标 RCS 来确定其探测能力,进而判断目标能否被探测到。国内外对单基地雷达目标电磁散射特性研究较为成熟,而对于双(多)基地雷达的散射特性以及隐身设计主要在算法上进行了讨论[74-75]。为了更好地发挥雷达的综合性能,弥补单基地雷达对抗隐身飞机时在探测、跟踪方面存在的不足,国内外研究者对双(多)基地雷达对抗隐身飞机的研究成果越来越多[76-82]。

文献[76]中程柏林根据对单/双基地雷达探测范围的分析,对不同高度下雷达的探测范围进行了讨论,并绘制雷达对典型目标的探测范围图形,并指出该方法能提供不同高度下雷达的威力范围图,为雷达组网部署优化提供仿真依据,为研究雷达隐身/反隐身技术和雷达干扰/反干扰性能提供理论依据。但存在的不足之处是:文章仿真时假设目标的单站 RCS 为 0.017m^2,而双站角大于 30° 时的双站 RCS 取 $0.017 \times 10^{0.8}\text{m}^2$,这就同样陷入了前面所说的将 RCS 设定为一常数的误区。这样用一个常数代表目标 RCS 进行仿真的方法不够严密,仅能够说明文章所提方法的可行性,而不能深入、全面地了解目标电磁散射特性对探测范围的影响,因为目标 RCS 是随着雷达视线角的改变而改变的。

李昌锦在文献[77]中指出采用单基地雷达探测范围的思路来解决双基地雷达的探测问题,具有一定难度。然后通过将双基地雷达探测范围和单基地雷达探测范围进行比较,分析了双基地探测区域计算的难点,并引申出双基地角等值线的概念。最后提出了一种计算双基地雷达探测区域的新方法,绘制了双基地雷达在没有干扰和有自卫式干扰情况下的探测范围图。

文献[81-82]中张小宽等采用将警戒区域网格剖分的方法,研究了单/双基地雷达对隐身目标的探测范围,并得出弱信号目标采取低空飞行时,单站 RCS较小,双基地雷达探测弱信号的能力优于单基地雷达等重要结论。但文章中仅是以金属椭球体为例采用物理光学法计算了目标的双站 RCS,也同样存在真实目标模型 RCS 数据不充足的问题。因此,对于单/双基地雷达探测范围的研究,既有理论基础的支持,又有可发展创新的地方,值得进一步探讨。

1.3　本书主要内容

开展飞机目标的动态电磁散射特性研究对制定战法、武器装备研制具有重要现实意义。仿真建模作为研究雷达目标特性的一种重要方法,在目标特性研究中占有举足轻重的地位。本书基于仿真手段,综合考虑由于动目标的视线角变化和环境等因素引起的机体随机抖振影响,力图实现对运动飞机的动态电磁散射特性进行建模,使得仿真数据能够实现与实测数据等效。基于动态电磁特性的仿真数据,研究动态数据的统计特性,并提出一种更为精确化的统计建模方法。最后讨论了目标动态特性在雷达探测中的应用。全书共分 6 章。

第 1 章介绍了研究雷达目标特性的意义,以及目标电磁散射特性和应用的研究现状。

第 2 章主要介绍了基于仿真软件研究飞机目标静态电磁散射特性。首先,介绍了雷达散射截面的定义、研究手段和影响因素;其次,研究了复杂目标精确几何建模的原则和方法;最后,基于电磁仿真软件,建立了目标的全空域静态RCS 数据库,并分析了飞机目标的静态 RCS 特性。

第 3 章主要研究了运动飞机的随机抖振模型。首先,分析了影响飞机随机抖振的因素,以及其对飞机动态散射特性造成的影响;其次,采用线性回归分析的方法对随机抖振进行建模,主要研究了随机抖振影响与飞行高度之间的模型,利用实测数据对模型的准确性进行了验证。

第 4 章主要研究了飞机动态电磁散射特性的精确建模方法。首先,基于空气动力学原理研究了航迹建模;其次,介绍了相关坐标系定义及变换关系,以及

"准静态法"所用的双线性插值法;最后,基于"准静态法"和随机抖振模型仿真了典型航迹下的飞机动态电磁散射特性。

第5章主要研究了飞机动态散射特性的统计建模。首先,基于传统的3种统计模型分析了典型航迹下动态RCS的统计特性,分析了航迹因素对统计特性的影响;其次,提出了一种通用的多参数起伏统计模型,其在飞机目标动态散射特性的统计建模中具有更高的精度和更广泛的适用性。

第6章主要研究了飞机动态特性对雷达探测的影响。首先,分别介绍了单基地雷达和双基地雷达的探测原理,并给出探测范围的计算方法;其次,针对目标机动的前提下,分别从不同飞行高度、雷达频率、雷达基线长度和雷达站相对位置4个方面仿真计算了单/双基地雷达对隐身目标的探测范围,给反隐身探测效能评估及布站方式选择提供了理论依据与技术手段。

第2章 飞机目标静态电磁散射
特性的仿真建模

飞机作为现代空战中最主要的武器装备,它的生存力直接影响着战争的胜负。作为表征目标特性最重要的指标,目标的 RCS 受到了攻防双方的重视。对进攻方而言,降低飞机 RCS 将缩短目标的暴露距离,从而提高飞机的生存力[83];对防御方而言,准确掌握对手目标的雷达特性,使得提前作战部署更具有针对性。因此,飞机 RCS 的精确预估对装备型号研制和战法战术演练具有重要意义。

本章首先介绍了 RCS 的定义及其获取手段,针对典型非合作飞机的精确尺寸不易获得的困难,采用通用 CAD 软件对目标进行精确几何建模,把模型导入电磁场仿真计算软件 FEKO 中进行计算,分别构建了不同频率和极化方式的全空域静态 RCS 数据库,并分析了典型隐身飞机重点视线角区域内的静态电磁散射特性。

2.1 RCS 的相关知识

2.1.1 RCS 的定义

电磁散射是一种重要的物理现象,雷达与目标之间正是通过电磁散射现象联系起来的。RCS 常用来表征目标对雷达波的电磁散射特征,它能定量描述目标对照射电磁波的散射能力,通常用符号 σ 表示。文献[2]中分别从基于电磁散射理论的观点和基于雷达测量的观点介绍了 RCS 的定义。两者的本质是一致的,只是前者常用于理论计算,而后者则被用在 RCS 测量领域。

如果没有特殊说明,RCS 通常指远场 RCS,远场 RCS 值与测量距离无关,在基于电磁散射理论的定义中包含了两个前提假设:①雷达与目标之间距离足够远,且满足远场条件,因此照射到目标的电磁波为平面波;②目标散射为各向同性。平面波照射时,它的入射功率密度为

$$w_i = \frac{1}{2}\text{Re}[\boldsymbol{E}^i \times \boldsymbol{H}^{i*}] = \frac{1}{2Z_0}|\boldsymbol{E}^i|^2 \tag{2.1}$$

11

式中:$\boldsymbol{E}^{\mathrm{i}}$ 和 $\boldsymbol{H}^{\mathrm{i}}$ 分别为目标处入射电磁波的电场强度和磁场强度;$Z_0 = \sqrt{\mu_0/\varepsilon_0}$ 为自由空间波阻抗。故在目标位置处截取的总功率 P 为目标雷达散射截面积 σ 与入射功率密度 w_{i} 的乘积,即

$$P = \sigma w_{\mathrm{i}} = \frac{1}{2Z_0}\sigma \mid \boldsymbol{E}^{\mathrm{i}} \mid^2 \tag{2.2}$$

从式(2.2)可以看出,截取的总功率除了与目标处入射波的能量密度有关外,还与目标雷达散射截面积有关。当假定目标是各向同性的,目标会将截取的能量均匀地向四周立体角散射出去,此时,在距离目标 R 处所接收的散射功率密度为

$$w_{\mathrm{s}} = \frac{P}{4\pi R^2} = \frac{\sigma \mid \boldsymbol{E}^{\mathrm{i}} \mid^2}{8\pi Z_0 R^2} \tag{2.3}$$

借鉴式(2.1)的表达形式,散射功率密度 w_{s} 又可以表示为

$$w_{\mathrm{s}} = \frac{1}{2Z_0} \mid \boldsymbol{E}^{\mathrm{s}} \mid^2 \tag{2.4}$$

式中:$\boldsymbol{E}^{\mathrm{s}}$ 为散射电磁波的电场强度。因此,联立式(2.3)和式(2.4),可得

$$\sigma = 4\pi R^2 \frac{\mid \boldsymbol{E}^{\mathrm{s}} \mid^2}{\mid \boldsymbol{E}^{\mathrm{i}} \mid^2} \tag{2.5}$$

由于远场 RCS 与 R 无关,故在定义远场 RCS 时,R 应趋于无穷大,同时根据电场和磁场的相互转换原理,远场 RCS 的定义式可表示为

$$\sigma = \lim_{R \to \infty} 4\pi R^2 \frac{\mid \boldsymbol{E}^{\mathrm{s}} \mid^2}{\mid \boldsymbol{E}^{\mathrm{i}} \mid^2} = \lim_{R \to \infty} 4\pi R^2 \frac{\mid \boldsymbol{H}^{\mathrm{s}} \mid^2}{\mid \boldsymbol{H}^{\mathrm{i}} \mid^2} \tag{2.6}$$

RCS 的常用单位为 m^2 或 dBsm,两者的换算关系为 $\sigma(\mathrm{dBsm}) = 10\lg \dfrac{\sigma(\mathrm{m}^2)}{1(\mathrm{m}^2)}$。

由式(2.6)可知,RCS 的值取决于散射电磁波的电场强度或磁场强度。但对于实际的雷达目标而言,各向同性的假设过于理想,复杂目标截取的功率是随着方位的变化而变化的,导致目标在不同视向角对应的 RCS 值不同。此外,RCS 值还与照射电磁波的频率、极化以及目标本身特性等因素有关,如果是近场 RCS,其值还和目标与雷达的距离有关。研究 RCS 的方法分为两类,即试验测量和理论计算。

2.1.2 RCS 的研究手段

1. 试验测量方法介绍

对雷达目标的 RCS 进行试验测量是雷达目标开发研制过程中必不可少的

阶段,同时也是研究目标真实散射特性的重要手段。按测试环境分为外场测量和室内测量两种,外场测量的对象为全尺寸目标或全尺寸目标模型,室内测量研究则一般针对全尺寸目标模型或目标缩比模型展开。无论采用哪种测量方式,都必须满足待测目标被平面波照射的条件,即要求测量距离必须符合远场条件。

试验测量一般是通过相对比较方法完成的。从雷达方程出发,首先测量RCS 为 σ_0 的标定体,并记录此时的天线接收功率 P_{r0},随后将标定体轮换为待测目标,并记下接收功率 P_r。假定测量过程中测量雷达的威力系数不变,可得

$$\sigma = \frac{P_r}{P_{r0}}\sigma_0 \tag{2.7}$$

雷达散射截面测量系统一般由测试雷达、测试环境、待测目标以及目标支撑(转动)机构等部分组成。测试雷达用于发射和接收电磁波信号,同时承担适当的数据处理任务,计算并显示测量结果,决定了整套测试系统的测量能力和结果形式;测试环境为 RCS 测量提供一个"纯净"的电磁环境,以保证目标被近似理想的单一平面波照射;目标支撑机构用于承载和固定目标。无论是外场测量还是暗室内测量,上述几个部分都不可缺少,只是根据不同的测试场条件和测量要求,所使用的具体仪器设备有所不同。测量系统的基本组成如图2.1 所示。

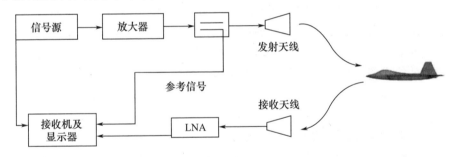

图 2.1 RCS 测量系统的基本组成框图

由于测量系统的基本组成相同,因此无论是外场还是室内测试,RCS 测量原理和测量方法都相似,目标的散射特性都是通过对发射电磁波信号和接收天线收到的回波信号进行分析得到的。首先测量环境的回波,此时的回波包括系统噪声和背景杂波,再将目标回波信号减去环境回波即可消除收发天线之间的直接耦合和背景杂波,通过分析即可得到目标的 RCS。

外场测量包括全尺寸目标的静态测量和动态测量,测量数据真实反映目标实际特性,尤其是动态测量数据最为珍贵。外场测量的优点:对目标的尺寸没有限制,测量数据的置信度高,具有优良的低频段测试性能等。存在的主要缺点:场地建设和试验耗费大,杂波影响难以消除,保密性差等[10]。

室内测量克服了外场测量的诸多缺点,但是由于微波暗室场地尺寸的限制,一般仅能测量小尺寸目标、目标部件和目标缩比模型,因此需要采用紧缩场技术或利用近场/远场变换技术来满足远场测量要求。缩比模型测量是将电磁波波长、目标尺寸和材料参数等按电磁模型相似比例关系缩小,然后由模型的散射特性推算出全尺寸目标的散射特性。它具有模型尺寸适度、耗费少、便于操作等优点,广泛应用于非合作目标和新型号的研究。目前,缩比模型测量仅解决了理想导电目标的电磁缩比关系,缩比模型的 RCS 与全尺寸目标的 RCS 有以下换算关系,即

$$\sigma = \sigma' + 20\lg s \quad \text{dBsm} \tag{2.8}$$

式中:σ'为缩比模型的 RCS;σ 为全尺寸目标的 RCS;s 为缩比因子。

2. 理论计算方法介绍

在雷达目标的概念设计阶段或者研究非合作目标时,通常采取理论计算作为研究手段。理论计算方法主要包括解析法、高频法和数值法。

解析法又称为严格解法或经典解法。该方法是基于经典麦克斯韦方程组和电磁场边界条件,通过分离变量法求解方程的严格解。但应用分离变量法的前提条件非常苛刻,要求目标表面与正交坐标系的坐标面重合或平行,这就导致解析法的适用范围局限,仅能用于求解形状简单目标体的散射问题,如球体、柱体、尖劈等,而无法求解复杂外形目标的散射问题。虽然如此,但研究解析法仍然具有重要意义,主要体现在以下几点:

(1)有助于理解电磁散射的基本机理和探寻规律。

(2)导体球的解析解可作为 RCS 测量试验的定标标准,也可在雷达标校中发挥作用。

(3)可用来验证仿真算法的精度,有利于推导高频近似方法。

在求解飞机、导弹、舰船等复杂电大尺寸目标的散射问题时,上述解析方法显得无能为力,因此发展了高频近似方法。高频法的理论依据是散射场的局部性原理,即在高频条件下,目标对于电磁波的散射是一种局部现象,散射场是独立散射中心回波的相干叠加,只与散射中心的个数和相对位置有关,而忽略目标不同部位间的电磁耦合。高频法物理概念清晰,并且场分布的表达式可直接写出,具有计算速度快、存储量少、易于编程等优点。许多典型的电磁仿真软件都是基于高频法开发的,如 Xpatch、RadBase 等。常用的高频法包括几何光学法(GO)、物理光学法(PO)、几何绕射理论(GTD)、物理绕射理论(PTD)、一致性几何绕射理论(UTD)、等效电流法(ECM)等。本书中 L 频段的 RCS 数据仿真就是基于 PO 算法计算的,它是用充当散射场激励源的表面感应电磁流来代替目标,散射场由照亮区的表面电流通过积分计算获得。PO 在偏离法线较小的角度范

围内,可得到较精确的计算结果,但是其无法对一阶交叉极化和物体表面不连续性产生的电磁流进行预估。在计算时,往往根据求解目标类型结合各类方法的优缺点,从而确定出最佳方法。

数值法是指用数值计算方法求解麦克斯韦方程组的一种电磁仿真算法,能够用于解决任意外形复杂目标的散射问题,具有精度高、使用灵活等优点[84]。根据方程类型可分为积分方程法(矩量法)和偏微分方程法(时域有限差分法和有限元法)。从20世纪90年代起,许多快速算法不断发展,极大地降低计算量和存储量,本书对米波段的静态RCS选用多层快速多极子算法(MLFMA)进行求解,它将矩量法的$O(N^2)$量级降低到了$O(N\log N)$量级,从而提高了求解散射问题的电尺寸规模。随着并行计算技术在MLFMA的应用,MLFMA逐渐成为精确数值计算的主流算法,国外仿真软件FISC和FEKO中都包含了MLFMA求解器。

2.1.3　影响RCS的因素分析

对于大多数研究目标而言,如飞机、导弹、鸟群等,RCS与它们的实际几何面积没有绝对的数量关系,除了目标本身的几何外形、构成材料以及是否为空腔外,其主要受到目标自身的姿态、雷达探测的角度和探测频率、极化方式影响[2]。首先定义雷达视线角,它是指在目标坐标系中雷达相对于目标坐标系的角度,即目标本身的姿态角和雷达的探测角度之和。

为了说明RCS与雷达视线角的关系,下面以飞机为例进行简单的分析。飞机的姿态角符合空气动力学原理,可以根据不同的飞行航迹去获取,同时在飞行过程中需要考虑飞机的随机抖振,因为飞机的RCS随姿态角的不同有显著变化,因此对此需要予以充分认识,这也是本书的重点内容之一。

之前提到了影响目标的电磁散射特性的因素有雷达目标本身的特性、雷达探测频率和极化方式以及目标运动过程中的姿态和航迹。对于不同雷达目标,其RCS显然是不同的,后面将仿真的3种机型的静态RCS色标图也证明了这一点。此处只考虑雷达在不同频率和不同极化方式下的静态RCS数据。

如图2.2所示,某型飞机处在435MHz和1.5GHz两种雷达探测频率、两种极化方式、鼻锥对准雷达方向,横坐标是雷达方位角,纵坐标单位是dBsm。由图可以得到RCS与雷达视线角和雷达探测频率、极化方式的关系:它们的共性是无论频率为多少、采用何种极化方式,飞机的动态RCS在时域内都是呈无规律的剧烈振荡。它们的不同之处在于:频率不同,极化方式不同,雷达检测到的飞机的RCS是不同的,而且有较大差别,但是整体的起伏趋势相同。对于不同频率和极化方式,飞机的RCS在飞机的不同位置呈现出差异性,因此在特定的航迹下飞机的动态RCS会因受到的雷达探测频率和极化方式的不同而不同。

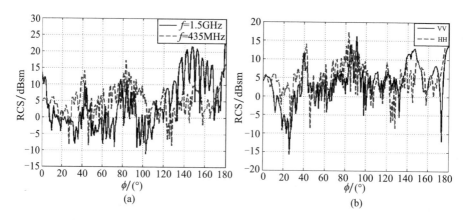

图 2.2　RCS 与雷达视线角、雷达探测频率和极化方式的关系
(a) RCS 与频率之间的关系；(b) RCS 与极化方式之间的关系。

频率和极化方式对于目标 RCS 只能影响而不能决定，真正起决定作用的还是目标本身的特性，所以尽管在不同的频率和极化方式下，飞机的 RCS 有较大差异，但是整体的起伏趋势相同。这表明在相同的探测条件下，同一雷达目标的电磁散射特性相同，不同的雷达目标具有不同的电磁散射特性，这也是根据不同目标散射特性进行目标的预警探测的理论基础。

2.2　飞机目标的几何建模

2.2.1　复杂目标建模方法

随着 RCS 精确预估和低成本需求日益紧迫，许多商业电磁仿真软件相继推出，如 FEKO、CST、HFSS 等。电磁场仿真软件凭借其成本低廉、操作简便、结果精确等优势已迅速成为预测目标 RCS 的首选[85]，仿真结果可以用于验证试验数据，还有助于缩短装备研制周期，因此在雷达目标特性研究领域得到了广泛应用。

FEKO 是目前国内外比较流行的电磁场高频计算软件，被广泛应用于 RCS 的预估领域[86-87]，并且仿真结果与实测和理论计算结果相吻合。因此，本书所有的静态 RCS 仿真都是基于 FEKO 软件完成的。

FEKO 的核心算法是矩量法（MoM），并集成了 MLFMA、PO、UTD 和 GO 等多种算法，形成了一套完备的电磁计算体系。对于电大尺寸目标，选用 PO 和 UTD 求解，在 FEKO 中，PO 和 UTD 与 MoM 已经耦合在一起，可以根据求解区域选用不同算法进行区分求解。MLFMA 则极大地节省内存和 CPU 时间，而且结果比高频近似方法更为精确。此外,GO 还适用于处理电大尺寸介质结构问题。

采用 FEKO 仿真目标 RCS 的主要步骤如下。

(1)目标几何建模。建立仿真目标的几何模型,该工作在 CADFEKO 中进行,也可以在通用 CAD 造型软件中完成,然后将模型导入到 CADFEKO 中处理。

(2)参数设置。激励源的设置包括入射平面波的频率、极化、幅度、相位和入射方向等。

(3)网格剖分。网格单元边长一般取 1/10 ~ 1/8 波长,可以选用软件默认的剖分步长,也可以根据仿真要求自行设定剖分步长。

(4)算法选择。根据硬件条件和目标电大尺寸选择合适求解算法。在本书的仿真中,分别采用 MLFMA 计算了低频 RCS、PO 和高频 RCS。

(5)求解计算和结果后处理与显示。

选用商业电磁场仿真软件预估目标 RCS 时,在保证计算机硬件配置水平足够高的前提下,有两个因素决定着仿真结果的准确性:一是目标几何建模的精细度;二是求解方法的选择。目标的精细化几何建模是 RCS 仿真的基础,模型的精度直接影响计算效率和结果的置信度。复杂雷达目标的几何建模经历了从简单粗糙到细致精确的过程,大致分为 3 个阶段[88]:①简单几何体组合模型;②面元模型;③参数表面模型。

简单几何体组合模型法指用简单的模型(如圆柱体、椭球体等)组合在一起来模拟复杂目标的方法。该方法建立的模型十分粗糙,因此仿真结果的误差必然很大,但对于 RCS 的定性研究具有一定的参考价值。

面元模型是采用三角面元或四边形面元来近似刻画目标本身。面元数量越多,模型就越精确,RCS 计算的精度也越高。

随着计算机图形技术的发展,参数曲面模型逐渐成为复杂目标建模的发展趋势。该方法用参数矢量核函数来表示曲面,通过调整某些局部点参数值即可实现精细化建模。参数曲面方法具有拟合效果好、划分曲面数目少的优点,同时,还能够以 IGES 的文件格式与 AutoCAD、3DS 等图形软件实现数据交换,从而成为许多 RCS 预估软件的首选,如西班牙的 RANURS、美国的 XPATCH 和 CADDSCAT 等,其中,非均匀有理 B 样条是当前最流行的参数曲面建模技术。

基于上述分析,本书采用参数曲面建模方法。由于非合作目标的军事敏感性高,因此详细尺寸数据较难获得,本书是在权威单位提供的相关数据基础上,利用 CAD 软件进行精确几何建模,然后导入 CADFEKO 中经过不断修模和校正,最终得到可用于 RCS 仿真计算的模型。

2.2.2 目标建模及网格剖分原则

1. 建模原则

（1）相邻面元顶点应重合，当表面边界线没有对齐时，相邻表面边界线可能会有很小的重叠或者非重叠的截面，将影响面元的剖分过程，如图 2.3 所示。

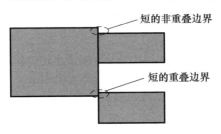

图 2.3 错误的边界连接

（2）不允许两个以上面元连接在同一条棱边上，如果不能同时满足多个剖分面元在棱边上的合理连接，将妨碍面元剖分及结果求解，如图 2.4 所示。

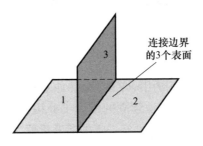

图 2.4 错误的表面连接

（3）在能够使用大面元表示的部位应该尽量避免细长的、面积较小的面元，相对于图 2.5 所示的标准面元，此种情况下的剖分网格既多又小，与周围面元的衔接更加难以处理，将会增加计算的复杂度，如图 2.5 所示。

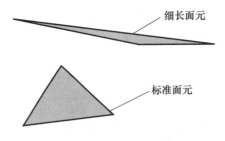

图 2.5 面元选择原则

18

（4）避免未紧密连接的面元，此种情况下由于模型未形成一个相对完整的闭合体而不能进行剖分，如图2.6所示。

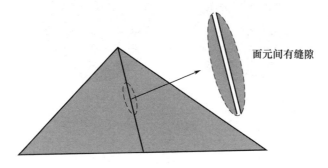

面元间有缝隙

图2.6　避免面元间间隙原则

（5）保证面元具有相同的法向指向，此种情况下既能进行电场积分方程运算又能进行混合积分方程运算，如图2.7所示。

面元法向不相同

面元法向

图2.7　避免面元法向不一致原则

2. 网格剖分原则

对于采用面元建立的几何模型，剖分时应注意以下几点。

（1）剖分的未知量应该在计算机内存允许的范围内，同时还要考虑计算时间和频率上限等客观因素的限制。剖分面元尺寸越小，目标相似拟合的精度越高，计算精度也越准确，但运算时间却要随之增大，计算机存储量也将成倍增加；反之亦然。在计算机内存允许的前提下，网格剖分越精细越好。

（2）根据几何模型和精度要求，剖分时要做到有针对性。可选择粗剖分或者细剖分：在关心的关键部位进行细剖分，而在不重要的部位进行粗剖分；在部件连接处进行细剖分，而在非连接处适当进行粗剖分，如图2.8所示。

（3）线段只能连接到线段的末端，不允许线段的交叉；面与面之间的连接必须共用同一条棱边；而线与面之间的连接必须共用同一顶点。错误的连接方法和正确的连接方法如图2.9所示。

19

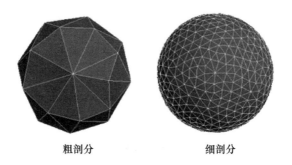

粗剖分   细剖分

图 2.8   粗剖分与细剖分对比

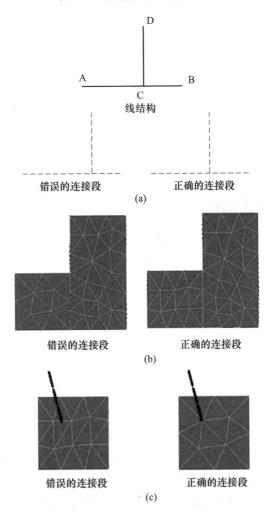

图 2.9   错误的连接方法和正确的连接方法

（a）线与线的连接段；（b）面与面的连接段；（c）线与面的连接段。

（4）进行金属面元表面剖分时,相邻金属三角形单元必须匹配(顶点对齐);而进行介质体剖分时,金属三角形必须与四面体的面元相匹配,不允许面元之间重叠,如图 2.10 所示。

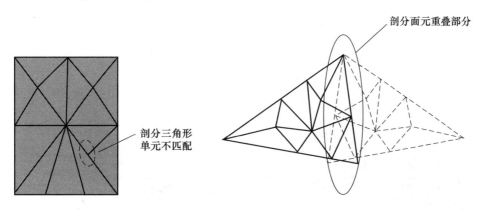

图 2.10　剖分面元不匹配、剖分面元重叠

本书选用 FEKO 电磁仿真商用软件进行 RCS 仿真计算,计算时导入的是目标的网格模型,因此有必要研究其剖分的基本要求。针对不同的计算方法,其网格剖分的要求也不尽相同,见表 2.1。

表 2.1　网格剖分要求

求解方法	单元类型	剖分说明	适用问题类型
MOM/MLFMM	三角形面网格、线单元	面:每波长剖分 6 ~ 10 份 线:每波长剖分 15 ~ 25 份	各类问题
PO	三角形面元网格	与 MOM 相同,可以更粗	大面元结构
UTD	平面多边形、无限长圆柱	不需要离散剖分	大平面多边形结构
FEM	四面体网格	每波长剖分 8 ~ 10 份	复杂介质

2.2.3　飞机目标的电磁计算模型

飞机目标 RCS 仿真流程与上述 FEKO 仿真 RCS 主要步骤基本一致,如图 2.11 所示。根据课题研究需要,本书共构建了国产 Ⅰ 型飞机、国产 Ⅱ 型飞机、F - 16 飞机、F - 117 飞机、F - 22 飞机和 F - 35 飞机六型飞机目标模型,所有模型材料设置成完全导电体,对于隐身飞机而言,外形隐身是最主要的隐身手段之一,涂覆材料的特性无从得知,本书仿真中暂不考虑涂覆材料的影响。飞机目标的电磁计算 CAD 模型如图 2.12 至图 2.17 所示。

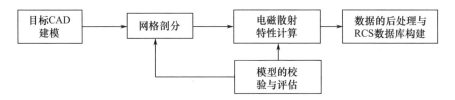

图 2.11　目标 RCS 数据仿真计算流程

图 2.12　国产 Ⅰ 型飞机 CAD 模型

图 2.13　国产 Ⅱ 型飞机 CAD 模型

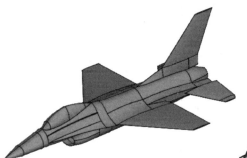

图 2.14　F - 16 飞机 CAD 模型

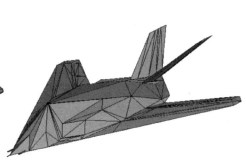

图 2.15　F - 117 飞机 CAD 模型

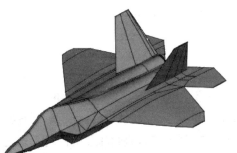

图 2.16　F - 22 飞机 CAD 模型

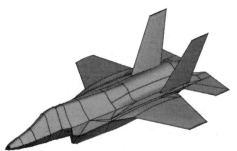

图 2.17　F - 35 飞机 CAD 模型

2.3 飞机的静态 RCS 仿真

2.3.1 全空域 RCS 数据库的建立

目前研究非合作目标主要采用仿真手段。在实际应用中,各种不同功能的雷达往往结合使用,而且各类雷达的工作波段和极化方式又不尽相同,因此有必要研究目标在多个波段和不同极化的散射特性。由于复杂目标微波波段的 RCS 仿真耗时长,导致实时性需求无法满足,有必要事先建立好数据库。第四代战机具有超机动性能,飞机的全方位视角都有可能构成威胁,故本书仿真了目标全空域的静态 RCS,并定义了数据库格式,构建了飞机全空域静态 RCS 数据库。对于威胁度高或有实际应用需求的视线角范围,将用更细的步长间隔建立起局部空域静态 RCS 数据库。构建非合作目标 RCS 数据库,有助于对非合作目标电磁散射特性的研究,也可为探测和识别非合作目标提供理论依据。

在 FEKO 中,激励源的设置是基于目标坐标系,为了与一般的目标姿态角定义相一致,书中构建数据库所用的目标坐标系和视线角定义如图 2.18 所示。

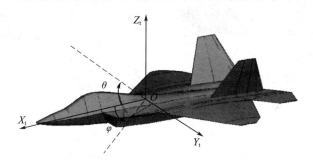

图 2.18 目标坐标系定义

目标坐标系原点位于目标质心,X_t 轴沿机身纵轴指向机头,Z_t 轴位于机身对称平面内,垂直于 X_t 轴向上,Y_t 轴垂直于目标对称平面,指向由右手法则确定。方位角 φ 为雷达视线在 X_tOY_t 平面的投影与 OX_t 轴的夹角,沿 Z_t 轴负向看,φ 沿逆时针方向递增,取值范围为 $0° \leq \varphi \leq 360°$,其中 $0°$ 对应机头方向,$90°$ 对应机翼正侧方向,$180°$ 对应机尾方向。雷达视线俯仰角 θ 为雷达视线与 X_tOY_t 平面的夹角,向上为正,取值范围为 $-90° \leq \theta \leq 90°$,其中 $-90°$ 对应机腹正下方,$90°$ 对应机背正上方。由于飞机是平面对称目标,为了节省仿真时间,只仿真对称半空域的 RCS,仿真视线角范围为 $\theta \in [-90°, 90°]$、$\varphi \in [0°, 180°]$,角度间隔为 $1°$,然后再将结果对称到另外半个空域,即可构成全空域的数据,共有 181×361 个数

23

据。需要说明的是,为了验证后文的实测数据和节省仿真时间,对于国产 I 型飞机,本书只仿真其覆盖测量视线角范围的局部空域 RCS,角度间隔设置为 0.1°,仿真的频率和极化设置成与测量条件一致,为 C 波段垂直极化。由于飞机目标 RCS 的动态范围起伏大,为了直观地观察 RCS 分布,以 dBsm 为单位,绘制了部分数据库的色标图,如图 2.19 所示。在全空域 RCS 的色标图中,将 RCS 数据在目标坐标系中以球坐标的形式表示,使得 RCS 值随视线角变化更加直观。

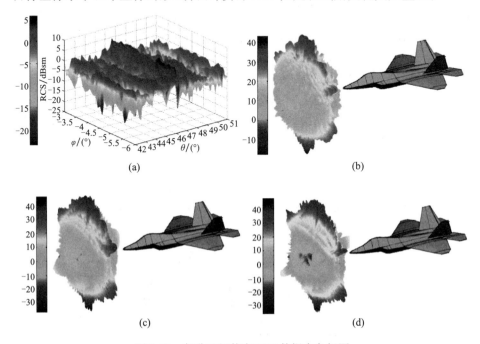

图 2.19   部分飞机静态 RCS 数据库色标图

(a) 国产 I 型飞机局部空域静态 RCS;(b) VHF 波段垂直极化 F - 22 全空域静态 RCS;
(c) P 波段垂直极化 F - 22 全空域静态 RCS;(d) L 波段垂直极化 F - 22 全空域静态 RCS。

由图 2.19 可以得出,复杂飞机目标的静态 RCS 分布随视线角剧烈起伏,VHF 波段的 RCS 值比 P 和 L 波段的 RCS 值高,机背和机腹方向的 RCS 值最大,这是由于该方向上回波为镜面回波导致的。为了更加深入地研究飞机静态 RCS 特性,下面对 F - 22 飞机重点视线角范围的 RCS 特性进行定量分析。

2.3.2   静态 RCS 特性分析

在作战过程中,巡航和突防是最主要的两个阶段。巡航时,飞机一般做侧站平飞运动,飞机的侧向暴露给雷达;而在突防过程中,飞机的鼻锥方向是威胁最大的方向。大部分公开文献都是研究飞机零俯仰角平面上局部方位角的 RCS

特性,这与实际情况不符,因为飞机不可能与雷达在同一高度,因此本节主要分析飞机侧向和头向两个局部空域的 RCS 特性,为方便表述,将大于 180°的方位角用负值表示,视线角范围分别为头向($-15°\leqslant\varphi\leqslant15°$ 、 $-15°\leqslant\theta\leqslant15°$)和侧向($75°\leqslant\varphi\leqslant105°$ 、 $-15°\leqslant\theta\leqslant15°$)。3 个波段垂直极化的局部空域 RCS 色标图如图 2.20 所示。

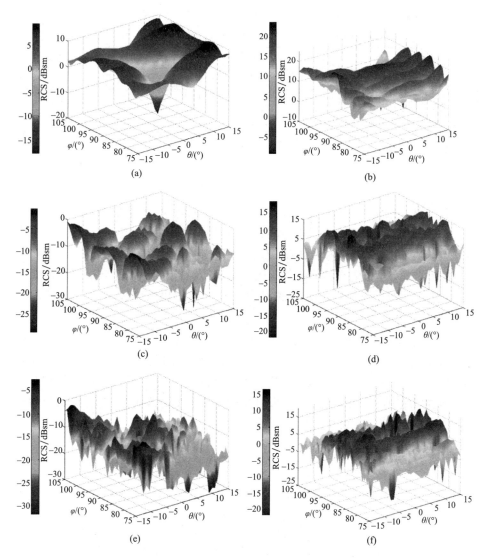

图 2.20 F-22 局部空域垂直极化静态 RCS 色标图

（a）VHF 波段头向；（b）VHF 波段侧向；（c）P 波段头向；（d）P 波段侧向；

（e）L 波段头向；（f）L 波段侧向。

由于飞机目标的 RCS 随视线角剧烈变化,因此选用统计参数对不同视线角范围和不同频率的 RCS 进行比较研究,分别选用中值、均值、极大值和极小值 4 种统计参数。比较结果如表 2.2 所列。

表 2.2　重点视线角区域 RCS 的统计参数　　　（单位:dBsm）

区域	中值	均值	极大值	极小值
VHF 波段头向	3.81	3.36	9.48	-17.75
VHF 波段侧向	13.06	12.78	23.31	-9.12
P 波段头向	-11.05	-11.05	-0.35	-29.32
P 波段侧向	4.68	4.32	18.47	-21.03
L 波段头向	-14.48	-14.82	-2.53	-31.79
L 波段侧向	2.29	2.32	16.62	-21.89

在同一波段,对不同视线角范围内的 RCS 值进行比较,可见在 3 个波段内,侧向的 RCS 值均高于头向的 RCS 值。因此在探测时,可以将不同位置的雷达进行组网应用从而提高探测概率。在相同视线角范围,比较不同波段处的 RCS 值,可见 RCS 随频率的升高而减小,L 波段头向的 RCS 均值为 -14.82dBsm $(0.03m^2)$,结果与公开文献中的数据相符。VHF 波段头向 RCS 的均值和中值大约为 3dBsm $(2m^2)$,因为外形隐身设计的重点频段均为微波波段,而在米波段,由于目标尺寸与电磁波波长处于同一量级,容易发生的谐振效应导致米波段 RCS 值显著增大。同时,从图 2.20 中还可以直接得出频率越高 RCS 值的起伏越剧烈这一结果。

本节克服了传统的从 0°俯仰角分析飞机目标静态 RCS 特性的不足,基于重点视线角范围的局部空域静态 RCS 特性,研究了飞机目标头向和侧向的电磁散射特性,仿真结果与公开文献的结论及理论分析相符,从而验证了本书静态 RCS 仿真结果的正确性,同时也从侧面验证所建目标模型的准确性,为后续章节的动态 RCS 仿真及统计建模奠定数据基础。

第 3 章　运动目标的随机抖振建模

3.1　随机抖振的影响因素

3.1.1　飞机随机抖振的影响

为了研究飞机动态 RCS 的随机抖振的频率,主要从雷达接收机的系统误差、大气中的各种背景噪声以及飞机飞行过程中的随机振动 3 个方面进行研究。首先了解固有频率的定义,固有频率是指物体做自由振动时,其位移按照正弦函数变化,振动频率与初始条件无关,而仅与系统的物理结构、材料属性等固有属性有关。用符号 f 表示,频率的单位是赫兹(Hz)。自由振动又称为简谐运动,在物理中是最常见和最基本的振动。

简谐运动中物体的振动频率与物体质量和恢复系数有关[89],其固有频率与物体本身的性质有关,是物体本身属性的体现。比较典型的简谐运动有单摆和弹簧振子,其固有频率计算公式见式(3.1)和式(3.2)。单摆的固有频率与摆长有关,摆长相同,固有频率一样。弹簧振子的固有频率与弹性系数和振子质量有关,当弹性系数和振子质量相同时,其固有频率就相同。

对于单摆,有

$$T = 2\pi \sqrt{\frac{l}{g}} \tag{3.1}$$

对于弹簧振子,有

$$T = 2\pi \sqrt{\frac{m}{k}} \tag{3.2}$$

需要说明的是,当外力作用的频率和固有频率接近时就会引发共振,共振可导致振幅增大,但是对物体振动的频率没有影响。物体的简谐运动广泛存在于生活中,固有频率的概念应用更加广泛。飞机在飞行过程中的机体振动看作气体和固体之间的振动,通过应用到气动力学和固体振动进行分析发现,飞机的这种随机振动其频率与飞机的固有频率有关,取决于飞机自身的物理结构、材料属性等固有属性[90]。当飞机在一定高度以一定速度飞行时,外力作用的频率与固有频率接近时就会发生共振,此时的振动幅度最大。但是,无论外力作用频率为多少,振动频率均不会因为外力变化而改变,这种固有频率只与飞机本身的物理结构、材料属性等特性有关。

3.1.2 雷达接收机内部噪声和大气背景噪声的影响

研究表明,雷达接收机系统内部噪声和大气中的各种背景噪声[90]均可认为是白噪声,在时域上杂乱无章,统计上符合均值为 0 的正态分布,振动频率也是随机的,对于飞机动态 RCS 整体随机抖振的频率影响不大。图 3.1 所示为雷达在开机状态下探测没有目标的空域时输出的 RCS 值的时域特性、频域特性和统计特性,把这个输出值作为对雷达接收机系统内部噪声和大气中的各种背景噪声在 RCS 随机抖振上的量化。由图 3.1 可知,雷达接收机系统内部噪声和大气中的各种背景噪声为白噪声。

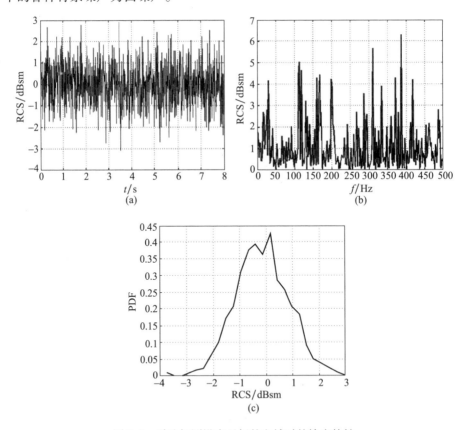

图 3.1　雷达探测没有目标的空域时的输出特性

（a）时域特性；（b）频域特性；（c）统计特性。

综上所述,飞机动态 RCS 的随机抖振是雷达接收机的内部噪声、大气中的各种背景噪声以及飞机飞行过程中的随机振动共同作用的结果。雷达接收机系统内部噪声和大气中的各种背景噪声均为白噪声,在时域上杂乱无章,振动频率是随机的,统计上符合均值为 0 的正态分布,它们对于飞机动态 RCS 的随机抖振幅度和频率影响不大。飞机在机动过程中的随机抖动的频率与飞机的固有频率有关,取决于飞机自身的物理结构、材料属性等特性,不随高度的变化而改变。

3.2 线性回归分析

3.2.1 基本概念

在进行数据处理时,经常需要研究两个或者多个变量之间的关系。变量之间的关系有两种情况:一种是完全确定关系,即函数关系;另一种是相关关系,即变量之间既存在着密切联系又不能用公式精确描述这种联系。例如,学生小学和初中的学习成绩,是高中的学习基础,会对高中学习成绩产生重要影响,虽然这种关系显而易见而且非常密切,但很难从小学和初中的学习成绩精确地求出高中的学习成绩。但是,对于这种联系比较紧密的变量,人们总希望建立一定的公式精确描述变量之间的关系,或者对变量进行互相预测。回归分析就是用数学公式来描述相关变量之间的关系[91]。

相关变量之间的关系既可以是线性关系也可以是非线性关系。本书采用的是线性回归分析。设 $x_1, x_2, \cdots, x_p$ 是 p 个可以精确测量或可控制的变量。如果变量 y 与 $x_1, x_2, \cdots, x_p$ 之间的内在联系是线性的,那么进行 n 次试验,则可得 n 组数据:$(y_i, x_{i1}, x_{i2}, \cdots, x_{ip})$,$i = 1, 2, \cdots, n$。它们之间的关系可表示为

$$\begin{cases} y_1 = b_0 + b_1 x_{11} + b_2 x_{12} + \cdots + b_p x_{1p} + \varepsilon_1 \\ y_2 = b_0 + b_1 x_{21} + b_2 x_{22} + \cdots + b_p x_{2p} + \varepsilon_2 \\ \vdots \\ y_n = b_0 + b_1 x_{n1} + b_2 x_{n2} + \cdots + b_p x_{np} + \varepsilon_n \end{cases} \tag{3.3}$$

式中:$b_0, b_1, b_2, \cdots, b_p$ 为 $p+1$ 个待估参数;ε_i 为第 i 次试验中的随机因素对 y_i 的影响。也可以将此 n 个方程表示成矩阵形式,即

$$Y = XB + \varepsilon \tag{3.4}$$

式中:$Y = (y_1, y_2, \cdots, y_n)^T$;$B = (b_0, b_1, \cdots, b_p)^T$;$\varepsilon = (\varepsilon_1, \varepsilon_2, \cdots, \varepsilon_n)^T$。

式(3.4)便是 p 元线性回归的数学模型。

3.2.2 参数估计

为了求出 p 元线性回归模型中的参数 $b_0, b_1, b_2, \cdots, b_p$，通常可以采用最小二乘法，即找到一个近似的函数，使得这个近似函数与已知的对应数据偏差最小。

设 $c_0, c_1, c_2, \cdots, c_p$ 分别是 $b_0, b_1, b_2, \cdots, b_p$ 的最小二乘估计，则 p 元回归方程为

$$y = c_0 + c_1 x_1 + c_2 x_2 + \cdots + c_p x_p \tag{3.5}$$

式中：$c_0, c_1, c_2, \cdots, c_p$ 为回归系数。对每一组 $(x_{i1}, x_{i2}, \cdots, x_{ip})$，通过回归方程可以确定一个回归值 y_i'。这个回归值 y_i' 与对应的实际观测值 y_i 之差，反映了实际观测值 y_i 与回归方程 $y = c_0 + c_1 x_1 + c_2 x_2 + \cdots + c_p x_p$ 的偏离程度。如果对于所有的实际观测值，y_i' 与 $y_i (i = 1, 2, \cdots, n)$ 的偏离越小，则认为回归方程与实际情况拟合得越好。通常用最小二乘法来描述偏差的大小，即回归值 y_i' 与对应的实际观测值 y_i 之差的平方和越小，偏差越小，拟合效果越好；反之，拟合效果不好。通过求方程组的解，使得到的解符合平方和最小，即可作为回归方程。

3.3 随机抖振模型

研究随机抖振对于飞机动态 RCS 的影响需要进行大量的外场试验获取动态 RCS 的实测数据，然后再利用相同的机型、相同的探测频率和极化方式、相同的飞行姿态和航迹进行仿真计算，得到相应的动态 RCS 仿真值，实测数据与仿真数据之间的起伏量就是由于随机抖振的影响产生的，通过对起伏量进行研究，得到高度与起伏量之间的函数关系作为飞机随机抖振的模型。

建立针对飞行高度因素的随机抖振模型，主要从幅度和频率两个方面进行研究，主要流程如图 3.2 所示。

3.3.1 动态 RCS 的外场测试和仿真计算

在第 2 章中已经给出了国产Ⅰ型飞机和国产Ⅱ型飞机两种机型的电磁计算模型，因此本章基于这两种机型研究了高度因素对飞机动态 RCS 的随机抖振的影响。首先对这两种机型的飞机进行外场试验测量。

国产Ⅰ型飞机的航迹为侧站飞行，距离雷达为 80～70km，向靠近雷达方向飞行，雷达采样间隔为 50ms，飞行速度为 200m/s，航迹和航迹在地面的投影如图 3.3 所示。

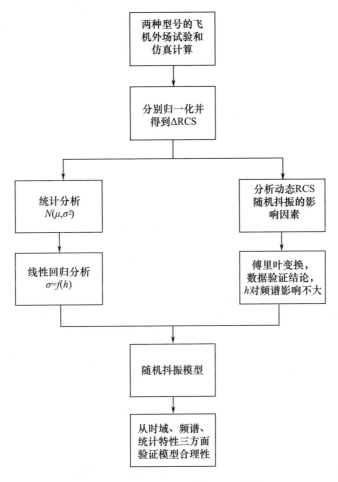

图3.2　随机抖振模型建立流程框图

国产Ⅱ型飞机的航迹为侧站飞行,距离为 $109 \sim 98\mathrm{km}$,向靠近雷达方向飞行,雷达采样间隔为 $50\mathrm{ms}$,飞行速度为 $225\mathrm{m/s}$,航迹和航迹在地面的投影如图3.4所示。

根据给定的飞行数据,包括高度和航向,解算出两架飞机的飞行航迹,进而解算出航迹偏转角和航迹倾角,再结合飞机的姿态角和雷达输出的角度数据解算出相应的雷达视线角,如图3.5所示。

动态RCS的仿真计算是基于准静态法,根据解算雷达预定航迹的雷达视线角信息,从已经准备好的全空域静态RCS数据库中提取出相应的值,然后将离散的静态值组成动态RCS序列。为了便于与后续叠加了随机抖振模型的RCS修正值加以区分,将此处获得的动态RCS称为初步仿真值,实测数据与RCS初

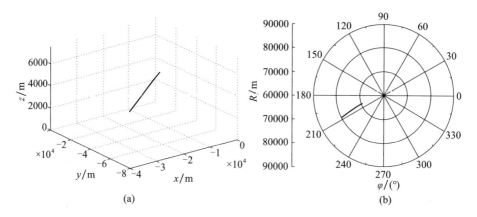

(a)

(b)

图 3.3 国产 I 型飞机的航迹及其投影

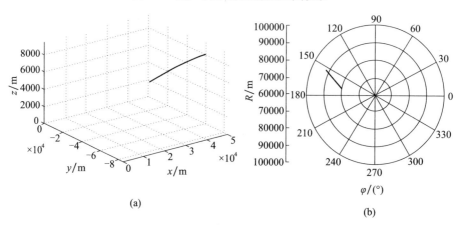

(a)

(b)

图 3.4 国产 II 型飞机的航迹及其投影

步仿真值比较如图 3.6 所示。

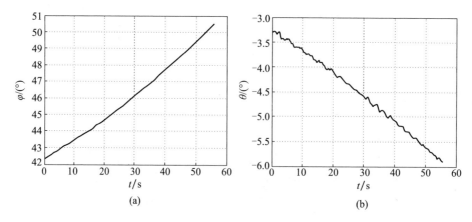

(a)

(b)

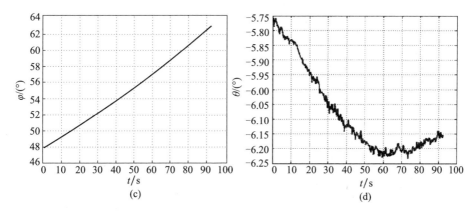

图 3.5　机体坐标系中国产 I 型飞机和国产 II 型飞机的雷达视线角

（a）国产 I 型飞机方位角；（b）国产 I 型飞机俯仰角；（c）国产 II 型飞机方位角；

（d）国产 II 型飞机俯仰角。

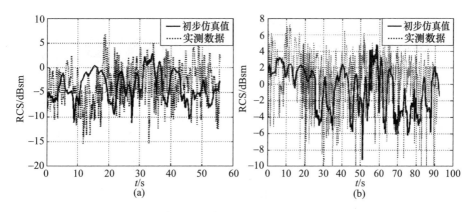

图 3.6　两种机型初步仿真值与实测值比较

（a）国产 I 型飞机；（b）国产 II 型飞机。

从图 3.6 中可以看出，一方面，飞机初步仿真值与外场实测值的整体起伏趋势大致相同，说明所建模型具有较高的置信度；另一方面，仿真数据在起伏细节的描述上并不能与实测值相当，表明随机抖振对动态 RCS 有显著影响。

由此可知，雷达目标本身的电磁散射特性对 RCS 数值起决定性作用，因为两种型号飞机的外形和大小不同，因此测得的 RCS 数值不同，在受到相同外界压力和自身抖振的情况下，机体的随机抖振对两种机型影响的绝对量应该和飞机本身的 RCS 呈正相关。表 3.1 给出了两种机型动态 RCS均值。

表 3.1　两种机型动态 RCS 均值　　　　　（单位:dBsm）

机型	实测均值	仿真均值
国产Ⅰ型飞机	4.0733	4.2546
国产Ⅱ型飞机	2.3262	2.4332

3.3.2　模型的建立

由 3.3.1 节中得到的初步仿真数据与实测数据之间有一定的差异,笔者认为,在模型比较准确的前提下,把这种差异产生的原因归结于飞机在飞行过程中随机抖振所致。为了研究随机抖振的影响因素,首先对初步仿真数据与实测数据做差,把这种差异定义为 RCS 起伏量,用 ΔRCS 表示。两种型号飞机的 ΔRCS 如图 3.7 所示。

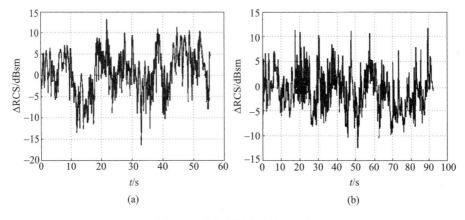

图 3.7　两种型号飞机的 ΔRCS

（a）国产Ⅰ型飞机；（b）国产Ⅱ型飞机。

由图 3.7 可知,因为飞机的外形和大小不同,国产Ⅰ型飞机和国产Ⅱ型飞机的 RCS 量级不同,因此随机抖振对两种机型影响的绝对量应该和飞机本身的 RCS 呈正相关,本书采用对数据进行归一化处理的方法,把起伏量除以飞机静态 RCS 均值的商作为归一化起伏量,即先把实测数据和仿真数据进行归一化再做差,消除了飞机机型的不同对 ΔRCS 大小的影响,保留了外界因素对 ΔRCS 的影响,使得后续的计算结果更具有普遍性,能够适用于各种型号的飞机。归一化之后两种型号飞机的 ΔRCS 如图 3.8 所示。

1. 对起伏量进行统计分析

从起伏量 ΔRCS 的时间序列可以看出其在时间上是杂乱无序的,在数据处理方面通常采用统计分析的方法研究时序上杂乱无规律的数据。本书把两种机

34

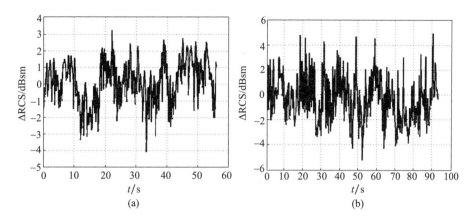

图 3.8　归一化后的两种型号飞机的 ΔRCS

（a）国产 Ⅰ 型飞机；（b）国产 Ⅱ 型飞机。

型的数据根据高度分成 8 组，分别对各组数据进行统计分析，发现起伏量 ΔRCS
的概率密度函数符合均值为 0 的正态分布，如表 3.2 和图 3.9 所示。

从表 3.2 和图 3.9 可以得出，飞机的动态 RCS 的起伏量 ΔRCS 符合均值为
0 的正态分布，而随着高度的不同，标准差也发生相应变化。高度发生变化，飞
行环境的空气密度和气流状况发生变化，飞机的随机抖振也因此发生改变。本
书试图找到标准差的变化与高度变化之间的数学关系，以此来刻画高度对随机
抖振振幅的影响。

表 3.2　动态 RCS 的统计参数 μ 和 σ

参数	国产 Ⅰ 型飞机			国产 Ⅱ 型飞机				
高度/km	5.1164	5.7575	6.4139	6.9440	7.6602	8.3640	9.0889	9.6302
均值/dBsm	− 0.0400	− 0.0784	0.3044	0.0423	0.0572	0.1005	− 0.0652	− 0.0643
标准差	1.2435	1.1952	1.1651	1.1494	1.1446	1.1223	1.1205	1.1170

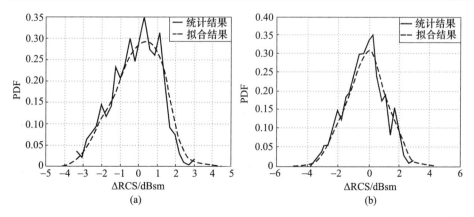

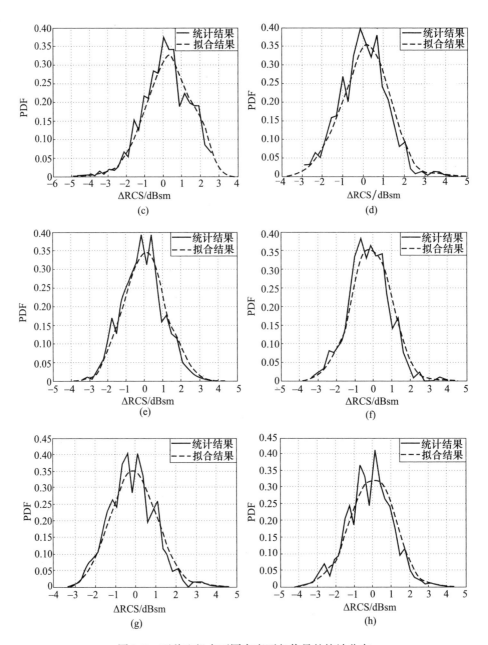

图 3.9　两种飞机在不同高度下起伏量的统计分布

（a）国产 I 型飞机，$h_1 = 5.1 \mathrm{km}$；（b）国产 I 型飞机，$h_2 = 5.7 \mathrm{km}$；（c）国产 I 型飞机，$h_3 = 6.4 \mathrm{km}$；

（d）国产 II 型飞机，$h_4 = 6.9 \mathrm{km}$；（e）国产 II 型飞机，$h_5 = 7.6 \mathrm{km}$；（f）国产 II 型飞机，$h_6 = 8.3 \mathrm{km}$；

（g）国产 II 型飞机，$h_7 = 9.1 \mathrm{km}$；（h）国产 II 型飞机，$h_8 = 9.6 \mathrm{km}$。

2. 对起伏量进行傅里叶变换

傅里叶变换(Fourier Transform)可以将一个信号从时域变换到频域。很多问题在时域中解决比较困难,转化到频域中就相对比较容易。比如有些信号在时域上没有规律,但是在频域上规律可能就显而易见。另外,傅里叶变换还可以将一个信号的频谱提取出来,这在频谱分析方面也是经常用到的。

傅里叶变换和逆变换的定义式[92]为

$$F(\mathrm{j}\omega) = \int_{-\infty}^{+\infty} f(t)\,\mathrm{e}^{-\mathrm{j}\omega t}\mathrm{d}t \tag{3.6}$$

$$f(t) = \frac{1}{2\pi}\int_{-\infty}^{+\infty} F(\mathrm{j}\omega)\,\mathrm{e}^{\mathrm{j}\omega t}\mathrm{d}\omega \tag{3.7}$$

式中:ω 为角频率,且满足关系 $\omega = 2\pi f$;$F(\mathrm{j}\omega)$ 为 $f(t)$ 的频谱密度函数;$f(t)$ 为 $F(\mathrm{j}\omega)$ 的原函数。

在飞行机动过程中,飞机动态 RCS 的随机抖振的频率是由飞机在机动过程中的随机振动频率决定的,与雷达接收机的内部噪声和大气背景噪声的频率关系不大。而飞机在机动过程中的随机振动频率就是与其固有频率有关,固有频率只与其自身的质量、结构、材料等固有属性有关,与外界环境和外力作用无关。因此,在飞行机动过程中某型飞机动态 RCS 的随机抖振频率是在固有频率附近的频率范围。通过查阅文献资料,飞机的固有频率大概在 20 ~ 100Hz 范围内。通过对 8 组 RCS 起伏量 ΔRCS 进行离散傅里叶变换得到其频谱特性,通过对比对以上结论进行印证,如图 3.10 所示。

由图 3.10 可以得出以下四点结论。

(1)飞机在飞行过程中的随机抖振的频率等于飞机自身的固有频率,与飞

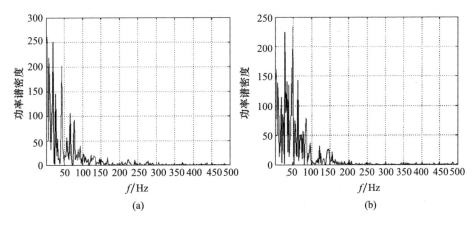

(a)　　　　　　　　　　　　(b)

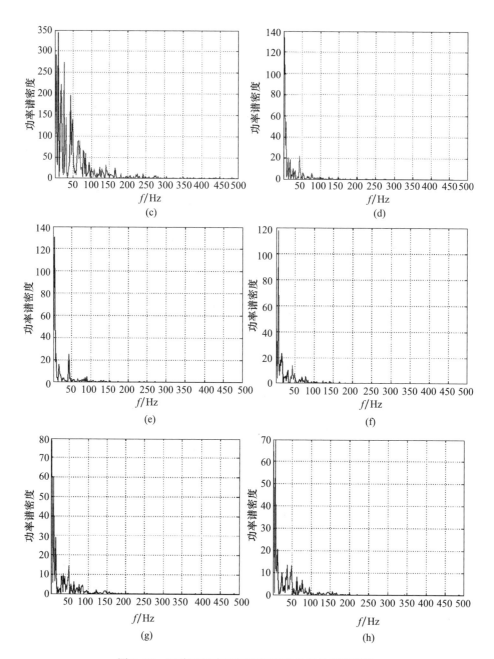

图 3.10　两种飞机在不同高度下起伏量的频谱特性

（a）国产 I 型飞机, $h_1 = 5.1 \mathrm{km}$；（b）国产 I 型飞机, $h_2 = 5.7 \mathrm{km}$；（c）国产 I 型飞机, $h_3 = 6.4 \mathrm{km}$；

（d）国产 II 型飞机, $h_4 = 6.9 \mathrm{km}$；（e）国产 II 型飞机, $h_5 = 7.6 \mathrm{km}$；（f）国产 II 型飞机, $h_6 = 8.3 \mathrm{km}$；

（g）国产 II 型飞机, $h_7 = 9.1 \mathrm{km}$；（h）国产 II 型飞机, $h_8 = 9.6 \mathrm{km}$。

机自身的质量、结构、材料等固有属性有关,而与外界环境和外力作用无关。国产Ⅰ型飞机的固有频率在15~50Hz之间,国产Ⅱ型飞机的固有频率在25~50Hz之间,与实际情况相符。

(2)对比国产Ⅰ型飞机的3组数据和国产Ⅱ型飞机的5组数据可以发现,同一机型飞机的随机抖振频率大体在相同的频率范围,国产Ⅰ型飞机的频率集中在200Hz内,国产Ⅱ型飞机的频率集中在100Hz内,随机抖振的频率不随高度的改变而改变;不同机型飞机的随机抖振频率分布不同,而国产Ⅱ型飞机的质量和体积都比国产Ⅰ型飞机的大,其随机抖振频率集中在较低的频率也符合一般的物理规律。

(3)动态RCS随机抖振的幅度随高度的增加而减小,这是因为随着高度增加,空气密度降低,相同速度下的飞机受到的外力减小导致抖振的幅度降低。

(4)从高度上看,在较低的高度层,由于气流等因素的影响,动态RCS随机抖振的频谱比较丰富,包含了较多的频率分量,在高层大气中噪声较少,飞机处在一个相对纯净的空间,动态RCS随机抖振的频谱就相对比较简单。

因此,通过计算机仿真方法仿真飞机动态RCS的随机抖振,仿真数据进行傅里叶变换之后,频率必须与飞机的固有频率相吻合,即飞机随机抖振的频率集中在飞机的固有频率附近。

综合上述研究,得到高度因素对飞机动态RCS的随机抖振幅度和频率影响的相关结论,总结出了针对高度因素的飞机动态RCS的随机抖振模型。

幅度方面,在已知多组数据的情况下可以通过线性回归分析研究高度h和统计分布模型参数σ的函数关系。通过线性回归方法求得统计分布模型参数σ与高度h的关系如式(3.8)和图3.11所示。

$$\sigma = -0.00196h^3 + 0.0509h^2 - 0.4482h + 2.4658 \quad 5\mathrm{km} \leqslant h \leqslant 10\mathrm{km} \quad (3.8)$$

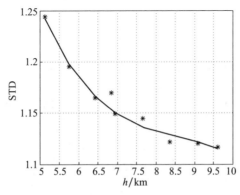

图3.11　两种型号飞机的 ΔRCS

在对高度 h 和统计分布模型参数 σ 函数关系拟合时,分别使用了 $1\sim4$ 次函数进行拟合,通过拟合优度检验得到 3 次时的拟合效果最好。式(3.8)有明确的定义域($5\text{km}\leqslant h\leqslant 10\text{km}$),在这个区间这个函数关系才是成立的,其他高度暂时不予讨论。通过建立这个函数关系,在进行飞机模型仿真时,可以直接得到相应高度 h 对应的标准差 σ,通过在正态分布 $N(0,\sigma)$ 上取随机数作为该飞机在机动过程中的随机抖振幅度。需要说明的是,在进行动态 RCS 仿真计算时,式(3.8)获取的随机数是飞机动态 RCS 随机抖振的归一化幅度,需要进行去归一化运算,再叠加到初步仿真值上。此处需要用到在预设航迹下飞机 RCS 的平均值。

频率方面,在飞行机动过程中,某型飞机动态 RCS 的随机抖振频率集中在固有频率附近,与飞机自身的质量、结构、材料等固有属性有关,而与外界环境和外力作用无关。

在某一确定的飞机飞行机动过程中,飞机动态 RCS 的随机抖振,在时域上是杂乱无章的;在频域上保持不变,与飞机自身的固有频率相关,不受高度因素的影响;在统计特性上其归一化 ΔRCS 是符合均值为 0、方差符合回归函数式(3.8)的正态分布。本书利用统计学方法,从原本杂乱无章的数据中探寻到了高度因素与统计分布参数之间的函数关系,对于后续的研究工作有重要的指导意义。因为试验测量在 $5\sim10\text{km}$ 的高度内,本书的随机抖振模型定义域为 $5\text{km}\leqslant h\leqslant 10\text{km}$。

3.3.3 模型的验证

将得到的随机抖振模型应用于动态 RCS 的仿真中,在初步仿真值的基础上再叠加随机抖振的影响,得到了动态 RCS 的最终仿真值。为了验证所提出的随机抖振模型的合理性,本节将从时域特性、频域特性和统计特性三方面对实测数据和最终仿真数据进行比较研究,如图 3.12 至图 3.14 所示。

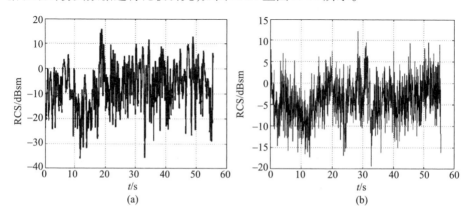

(a)   (b)

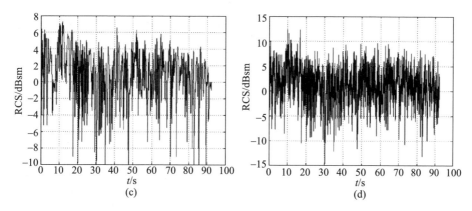

图 3.12　两种机型时间序列比较

（a）国产Ⅰ型飞机动态 RCS 的实测数据；（b）国产Ⅰ型飞机动态 RCS 的最终仿真值；

（c）国产Ⅱ型飞机动态 RCS 的实测数据；（d）国产Ⅱ型飞机动态 RCS 的最终仿真值。

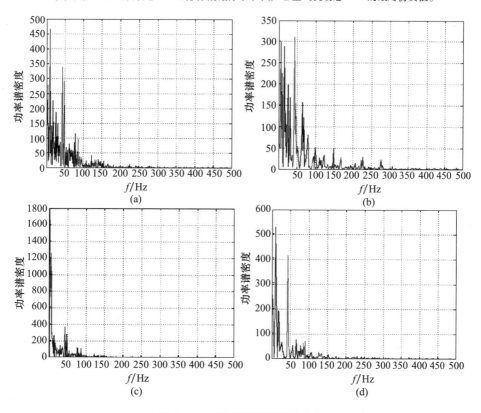

图 3.13　两种机型频谱特性比较

（a）国产Ⅰ型飞机动态 RCS 的实测数据；（b）国产Ⅰ型飞机动态 RCS 的最终仿真值；

（c）国产Ⅱ型飞机动态 RCS 的实测数据；（d）国产Ⅱ型飞机动态 RCS 的最终仿真值。

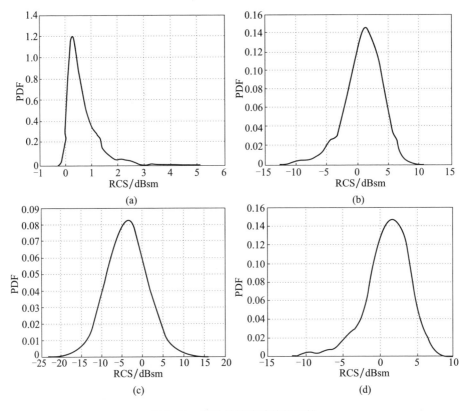

图 3.14　两种机型统计特性比较

（a）国产Ⅰ型飞机动态 RCS 的实测数据；（b）国产Ⅰ型飞机动态 RCS 的最终仿真值；

（c）国产Ⅱ型飞机动态 RCS 的实测数据；（d）国产Ⅱ型飞机动态 RCS 的最终仿真值。

由图 3.12 可以得到，在时域特性上，对于相同型号的飞机，其动态 RCS 的实测数据与最终的仿真修正数据，具有相同的起伏趋势，并且 RCS 的量级相同，在一些细节的描述上具有良好的效果；对于不同型号的飞机，动态 RCS 的起伏剧烈程度不同，国产Ⅱ型飞机比国产Ⅰ型飞机的动态 RCS 起伏更剧烈，数值也较大，这是由于国产Ⅱ型飞机体积和质量更大，RCS 数值较大，在相同外力作用下 RCS 的起伏量也较大，这与实际情况是相符的。两种型号飞机的外形几何参数如表 3.3 所列。

表 3.3　两种机型的基本参数

机型	机长/m	机高/m	翼展/m	机翼面积/m²
国产Ⅰ型飞机	14.64	3.89	9.04	25
国产Ⅱ型飞机	21.52	5.41	9.34	42.19

由图 3.13 可以得到,在频域特性上,对于相同型号的飞机,其动态 RCS 的实测数据与最终的仿真修正数据具有相同的变化趋势和频率范围;对于不同型号的飞机,动态 RCS 随机抖振频率不同,国产 Ⅱ 型飞机比国产 Ⅰ 型飞机的变化频率小,这与其实际固有频率相符。

由图 3.14 可以得到,在统计特性上,两种型号的飞机动态 RCS 的实测数据与最终的仿真修正数据具有相近的统计分布,可以用对数正态分布来拟合,但是也可以看出仿真数据在统计参数上精度不够,尚需完善。

通过上面分别从时域特性、频域特性和统计特性三方面对实测数据和最终仿真数据进行比较得出,本书所提的随机抖振模型基本符合事实,无论是时域特性、频谱特性还是统计特性,实测数据和仿真数据都较为契合,因此本书提出的随机抖振模型具有一定的合理性,可以应用于动态 RCS 的仿真建模。

第4章 飞机目标的动态电磁散射特性建模

4.1 典型航迹的空气动力学原理

首先对常用的坐标系进行定义。地面坐标系 $OX_gY_gZ_g$ 又称为雷达坐标系,坐标原点固定在雷达处,OX_g 轴向东,OY_g 轴向北,OZ_g 轴指向根据右手定则给出。

速度坐标系 $OX_aY_aZ_a$:OX_a 轴正向沿速度方向,又称为阻力轴;OZ_a 轴在机身对称平面内垂直于 OX_a,称为升力轴,OY_a 垂直于 OX_aZ_a 面,方向由右手定则确定。

机体坐标系 $OX_bY_bZ_b$:以飞机质心为原点 O,OX_b 轴沿机身纵轴指向前方,OZ_b 轴位于机身对称面内指向机身上方,OY_b 轴则垂直于对称面向左。偏航角 ψ 为 OX_b 在 OX_gY_g 平面上的投影与 OX_g 的夹角,俯仰角 η 为 OX_b 与水平面的夹角,飞机对称面与通过 OX_b 的铅垂面之间的夹角为滚转角 γ,(ψ, η, γ) 共同构成了定义飞机姿态的欧拉角。

航迹坐标系 $OX_hY_hZ_h$:原点 O 同样位于飞机质心处,OX_h 沿飞机飞行速度方向,OZ_h 位于铅垂面内垂直于 OX_h 向上,OY_h 根据右手定则定义。OX_h 在 OX_gY_g 平面上的投影与 OX_g 的夹角为航迹偏转角 ψ_s,与飞机对称面的夹角则为侧滑角 β;OX_h 在飞机对称面的投影与 OX_b 轴的夹角为迎角 α,与水平面的夹角为航迹倾角 η_s。速度滚转角 γ_s 为包含 OX_h 的铅垂面与飞机对称面的夹角,又称为坡度。

由文献[93]可得,水平面内运动的飞机在航迹坐标系中的质心运动方程组为

$$
\begin{cases}
\dfrac{dx_g}{dt} = v\cos\psi_s \\[2mm]
\dfrac{dy_g}{dt} = -v\sin\psi_s \\[2mm]
m\dfrac{dv}{dt} = P\cos(\alpha + \varphi_P)\cos\beta - X \\[2mm]
P[\cos(\alpha + \varphi_P)\sin\beta\sin\gamma_s + \sin(\alpha + \varphi_P)\cos\gamma_s] - Y\sin\gamma_s + Z\cos\gamma_s = mg \\[2mm]
mv\dfrac{d\psi_s}{dt} = P[\cos(\alpha + \varphi_P)\sin\beta\cos\gamma_s - \sin(\alpha + \varphi_P)\sin\gamma_s] - Y\cos\gamma_s - Z\sin\gamma_s
\end{cases} \quad (4.1)
$$

44

式中:m 为飞机的质量;v 为飞行速度;φ_P 为发动机安装角;P 为发动机推力;X、Y 和 Z 分别为空气动力在速度坐标系中 3 个轴上的分量,即阻力、侧力和升力,其他姿态角的定义已在坐标系定义中给出。

本节研究水平面内两种定常运动,分别为平飞和定常盘旋运动。首先考虑平飞运动,飞机做等速直线水平飞行简称为平飞。假定飞机沿东西方向保持无侧滑飞行,即 $\psi_s = 0°$,$\beta = 0°$,$\eta_s = 0°$,$\gamma_s = 0°$,航迹坐标系与速度坐标系重合,并且假设发动机安装角很小,$\varphi_P \approx 0°$,因此式(4.1)可简化为

$$\begin{cases} \dfrac{\mathrm{d}x_g}{\mathrm{d}t} = v \\ P\cos\alpha = X \\ P\sin\alpha + Z = mg \end{cases} \tag{4.2}$$

飞机以恒定速度做半径不变的盘旋,称为定常盘旋,受力示意图如图 4.1 所示。

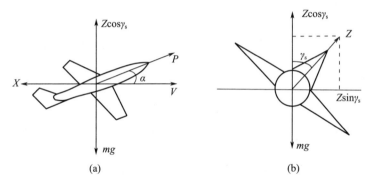

图 4.1 定常盘旋受力示意图
(a) 侧视图;(b) 后视图。

定常盘旋时,γ_s 不为零,线速度始终沿切线方向,则 $\beta = 0°$,角速度 $\dfrac{\mathrm{d}\psi_s}{\mathrm{d}t} = \dfrac{v}{R}$,$R$ 为盘旋半径,式(4.1)可简化为

$$\begin{cases} \dfrac{\mathrm{d}x_g}{\mathrm{d}t} = v\cos\psi_s \\ \dfrac{\mathrm{d}y_g}{\mathrm{d}t} = -v\sin\psi_s \\ P\cos\alpha = X \\ P\sin\alpha\cos\gamma_s - Y\sin\gamma_s + Z\cos\gamma_s = mg \\ m\dfrac{v^2}{R} = -P\sin\alpha\sin\gamma_s - Y\cos\gamma_s - Z\sin\gamma_s \end{cases} \tag{4.3}$$

结合飞机具体的气动性能参数,采用简单推力法确定飞机的基本性能,如发动机推力和空气动力等。根据取样时间,可将上述微分方程离散成差分方程,然后利用数值计算方法进行求解,即可得到飞机的运动航迹(x_g, y_g, z_g)。

4.2 准静态方法

4.2.1 坐标系定义及变换

利用准静态方法研究飞机在预定航迹下的动态 RCS 特性,需要用到雷达入射波在机体坐标系中的坐标。因此,要将雷达坐标系中的目标实际飞行航迹和姿态角信息变换为机体坐标系中的坐标。

整个坐标变换过程可分为平移和旋转两步完成[94]。首先通过平移使得雷达坐标系的原点与机体坐标系的原点重合,形成参考坐标系,此时目标的欧拉角均为0°。假设(x_P, y_P, z_P)为空间任意一点 P 在雷达坐标系中的坐标,(x_T, y_T, z_T)为目标在雷达坐标系中的坐标,(x_1, y_1, z_1)为 P 点在参考坐标系中的坐标,三者之间的关系为

$$\begin{cases} x_1 = x_P - x_T \\ y_1 = y_P - y_T \\ z_1 = z_P - z_T \end{cases} \tag{4.4}$$

假设 P 点在参考坐标系中的坐标为(x_1, y_1, z_1),在机体坐标系中的坐标为(x_4, y_4, z_4),其变换过程分成三步,分别旋转 3 个欧拉角即可,如图 4.2 所示。

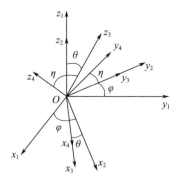

图 4.2　坐标变换的旋转过程

首先,$Ox_1y_1z_1$绕 Oz_1轴旋转,z 坐标保持不变,得到 $Ox_2y_2z_2$,旋转的角度为偏航角φ,则 P 点在 $Ox_2y_2z_2$中的坐标为

$$\begin{cases} x_2 = x_1 \cos\varphi + y_1 \sin\varphi \\ y_2 = -x_1 \sin\varphi + y_1 \cos\varphi \\ z_2 = z_1 \end{cases} \quad (4.5)$$

其次,$Ox_2y_2z_2$ 绕 Oy_2 轴旋转,y 坐标保持不变,得到 $Ox_3y_3z_3$,旋转的角度为俯仰角 θ,则 P 点在 $Ox_3y_3z_3$ 中的坐标为

$$\begin{cases} x_3 = x_2 \cos\theta - z_2 \sin\theta \\ y_3 = y_2 \\ z_3 = x_2 \sin\theta + z_2 \cos\theta \end{cases} \quad (4.6)$$

最后,$Ox_3y_3z_3$ 绕 Ox_3 旋转,x 坐标保持不变,得到 $Ox_4y_4z_4$,旋转的角度为滚转角 η,则 P 点在 $Ox_4y_4z_4$ 中的坐标为

$$\begin{cases} x_4 = x_3 \\ y_4 = y_3 \cos\eta + z_3 \sin\eta \\ z_4 = -y_3 \sin\eta + z_3 \cos\eta \end{cases} \quad (4.7)$$

综上,将空间任一点 P 在雷达坐标系中的坐标 (x_P, y_P, z_P) 变换到机体坐标系的坐标 (x_4, y_4, z_4),需要经过下式变换得到,即

$$\begin{pmatrix} x_4 \\ y_4 \\ z_4 \end{pmatrix} = \begin{pmatrix} 1 & 0 & 0 \\ 0 & \cos\eta & \sin\eta \\ 0 & -\sin\eta & \cos\eta \end{pmatrix} \begin{pmatrix} \cos\theta & 0 & -\sin\theta \\ 0 & 1 & 0 \\ \sin\theta & 0 & \cos\theta \end{pmatrix} \begin{pmatrix} \cos\varphi & \sin\varphi & 0 \\ -\sin\varphi & \cos\varphi & 0 \\ 0 & 0 & 1 \end{pmatrix} \begin{pmatrix} x_P - x_T \\ y_P - y_T \\ z_P - z_T \end{pmatrix} \quad (4.8)$$

若 P 点位于雷达处,即 (x_P, y_P, z_P) 为 $(0,0,0)$,则 (x_4, y_4, z_4) 表示雷达在机体坐标系中的坐标,再通过式 (4.9) 的变换即可得到雷达入射波在机体坐标系中的方向,即方位角 φ 和俯仰角 θ,公式为

$$\begin{cases} \varphi = \arctan \dfrac{y_4}{x_4} \\ \theta = \arccos \dfrac{z_4}{\sqrt{x_4^2 + y_4^2 + z_4^2}} \end{cases} \quad (4.9)$$

式 (4.9) 将航迹信息变换成雷达视线角 $(\varphi(t) \setminus \theta(t))$,将每一视线角对应的 RCS 值提取出来,即可构成动态 RCS 序列。

4.2.2 双线性插值方法

由于静态 RCS 数据库的计算角度间隔为 $1°$,当求出雷达视线角并叠加了随机抖动后,必然会有部分视线角对应的 RCS 值在数据库中没有,因此本书采用

47

双线性插值方法来获取合理的 RCS 值。双线性插值方法的基本原理框图如图 4.3 所示[95]。图中 φ 为雷达视线的方位角信息,θ 为雷达视线的俯仰角信息,φ_H 和 θ_H 分别为大于 φ 和 θ 的最小值,φ_L 和 θ_L 分别为小于 φ 和 θ 的最大值。

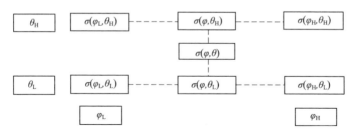

图 4.3　双线性插值方法的基本原理框图

应用双线性插值方法就是在两个坐标维内分成两步分别进行线性插值,具体过程如下。

首先在方位维上进行线性插值,可得

$$\sigma(\varphi,\theta_L) \approx \frac{\varphi_H - \varphi}{\varphi_H - \varphi_L}\sigma(\varphi_L,\theta_L) + \frac{\varphi - \varphi_L}{\varphi_H - \varphi_L}\sigma(\varphi_H,\theta_L) \qquad (4.10)$$

$$\sigma(\varphi,\theta_H) \approx \frac{\varphi_H - \varphi}{\varphi_H - \varphi_L}\sigma(\varphi_L,\theta_H) + \frac{\varphi - \varphi_L}{\varphi_H - \varphi_L}\sigma(\varphi_H,\theta_H) \qquad (4.11)$$

然后在俯仰维上进行线性插值,得到

$$\sigma(\varphi,\theta) \approx \frac{\theta_H - \theta}{\theta_H - \theta_L}\sigma(\varphi,\theta_L) + \frac{\theta - \theta_L}{\theta_H - \theta_L}\sigma(\varphi,\theta_H) \qquad (4.12)$$

虽然在静态 RCS 数据库中定义的视线角有限,但应用双线性插值方法可以计算所关心的任意视线角对应的 RCS 值,并且双线性插值方法具有逻辑清晰、运算量小和结果相对误差小的优点,可为后续获取动态 RCS 数据奠定理论基础。

4.3　不同航迹的动态 RCS 建模

根据前面的研究得到的针对高度因素的随机抖振模型,把该模型直接叠加到飞机目标的动态 RCS 上可以对原来的动态 RCS 仿真值进行修正,得到更加精确的动态 RCS 数值。首先结合航迹规划和空气动力学原理,建立航迹模型;然后根据航迹和雷达的几何关系使用双线性插值法计算出每一时刻的雷达视线角;最后基于准静态方法求出每一时刻对应的 RCS 作为 RCS 初始值,再结合随机抖振模型求出对应高度下的 RCS 起伏量,叠加到 RCS 初始值上,得到最终的动态 RCS 仿真值。

通过查阅文献资料,以 F-22 隐身飞机为例,本节建立了 3 种基本的航迹模型,即径向俯冲和拉升、侧站平飞、侧站盘旋。复杂航迹模型可由多种简单航迹模型组合而成,因此研究简单航迹下飞机的动态 RCS 仍然具有实战意义。

4.3.1 径向俯冲和拉升的动态 RCS

径向俯冲和拉升分别为机头沿径向对准雷达位置靠近和机尾沿径向对准雷达位置远离,航迹为抛物线的 $z = 0.0013x^2 + 5.8750$ 一段,飞行高度和速度不变。径向俯冲段起点为 $(-50,0,9)$,终点为 $(-10,0,6)$;径向拉升段起点为 $(10,0,6)$,终点为 $(50,0,9)$。假设飞机在机动过程中姿态保持不变,航迹偏转角恒定,航迹倾角和速度倾角均与航迹的斜率相同,速度滚转角为零。

飞机在飞行过程中保持姿态不变。雷达位置为坐标原点,飞机速度为 $v = 1.4\text{Ma}(1713.6\text{km/h})$,从高度 9km 到 6km 俯冲,从 6km 到 9km 拉升。航迹如图 4.4 所示,黑色五角星表示雷达位置。

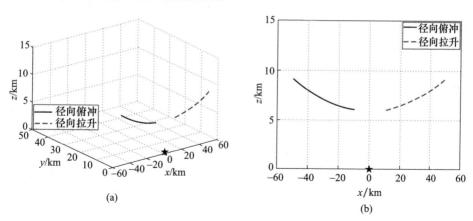

(a)　　　　　　　　　　　　　　　　(b)

图 4.4　径向机动航迹

(a) 航迹;(b) 航迹在 $X_R O_R Z_R$ 面的投影。

因为在径向机动过程中高度一直变化,因此取其均值 $h = 7.5\text{km}$ 来代替飞机的实时高度。根据第 3 章总结出来的飞机在飞行过程中的随机抖振模型,可以解算得到 $\sigma = 1.1386$,即在高度为 7.5km 的空中飞行,飞机的随机抖振对动态 RCS 幅度的影响符合均值为 0、标准差为 1.1386 的正态分布起伏,记做 $N(0, 1.1386^2)$。

通过航迹与雷达位置的几何关系解算,得到方位角和俯仰角,如图 4.5 所示。

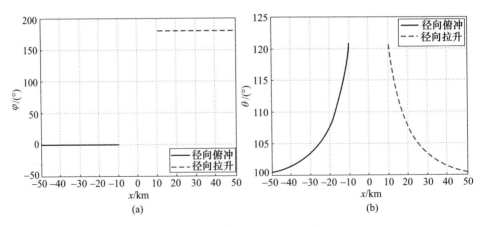

图 4.5　径向机动的雷达视线角

（a）方位角；（b）俯仰角。

在第 2 章中给出了 F-22 的 VHF 波段水平极化和垂直极化、L 波段垂直极化的全空域静态 RCS 数据库,因此图 4.6 中的仿真数据是基于这两个数据库得到的。在图 4.7 中,VHF_VV 表示雷达入射波为 VHF 波段、垂直极化,VHF_HH 表示雷达入射波为 VHF 波段、水平极化,L_VV 表示雷达入射波为 L 波段、垂直极化。根据解算得到的雷达视线角,利用准静态法解算出动态 RCS 的初步仿真值,然后叠加相应高度的随机抖振模型,最终仿真值如图 4.6 和图 4.7 所示。

由图 4.6 可知,当飞机做径向俯冲机动时,随着与雷达距离的减小,动态 RCS 也在减小,因为俯冲机动开始时机腹暴露在雷达散射区域,在俯冲结束时机头暴露在散射区域,所以 RCS 在减小;当飞机做径向拉升机动时,随着与雷达距离的增大,动态 RCS 在增加,因为拉升机动开始时机尾暴露在雷达散射区域,在拉升结束时机背暴露在散射区域,所以 RCS 在增加;对于飞机目标,机头和尾部的 RCS 较小而侧面、机腹、机背等位置较大,与实际情况相符。

由图 4.7 可知,无论频率还是极化方式,对于飞机目标只是影响其幅度大小,不会改变趋势。频率会显著影响飞机的动态 RCS,VHF 波段比 L 波段的动态 RCS 大,因为 VHF 波段的电磁波波长与飞机尺寸在一个量级上,产生了谐波共振的效应,使得动态 RCS 较大。而 L 波段的波长明显小很多,所以可以描述动态 RCS 更细腻,起伏更剧烈。相同频率下极化方式不同也会影响动态 RCS 的大小,水平极化时的动态 RCS 比垂直极化时大,因为水平极化时入射波的方向与机身平行,飞机在电场方向的投影长度较大导致了 RCS 值较大。

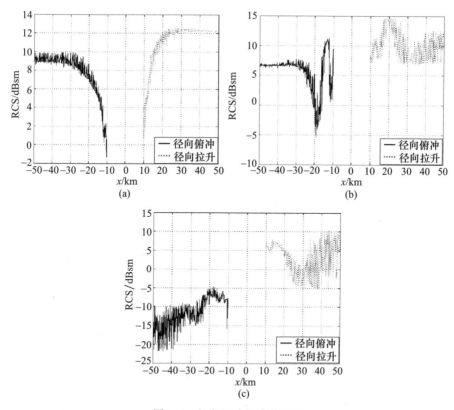

图 4.6 径向机动的动态 RCS

（a）VHF 波段、水平极化；（b）VHF 波段、垂直极化；（c）L 波段、垂直极化。

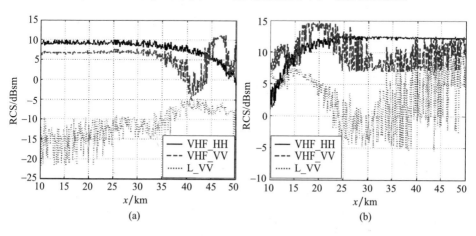

图 4.7 不同探测条件下的动态 RCS

（a）径向俯冲；（b）径向拉升。

4.3.2 侧站平飞的动态 RCS

侧站平飞是研究飞机全向动态 RCS 的常用航迹,也常在巡航阶段采用。侧站平飞是最简单的航迹,速度保持不变,航迹偏转角恒定,航迹倾角恒为零,且速度滚转角为零。本节研究了侧站平飞在不同航路捷径(Course Short,CS)的动态 RCS 特性,飞行高度为巡航高度($H = 9\text{km}$),航路捷径分别为小航路($CS = 10\text{km}$)和大航路($CS = 80\text{km}$),速度为超声速($v = 1.4\text{Ma}$),并且研究了它们的频率响应和极化响应特性。基于式(4.2)对侧站平飞的航迹进行建模并求解,求得迎角 $\alpha \approx 5°$,飞行航迹和雷达位置如图 4.8 所示;应用第 3 章建立的随机抖振模型,解算得到 $\sigma = 1.12606$,即在高度为 9km 的空中飞行,飞机的随机抖振对动态 RCS 幅度的影响符合均值为 0、标准差为 1.12606 的正态分布,记做 $N(0, 1.12606^2)$。求解出机体坐标系中的雷达视线角变化,如图 4.9 所示。

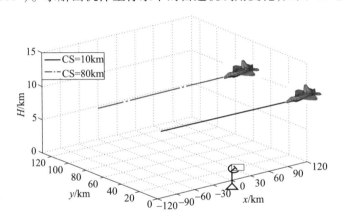

图 4.8 侧站平飞航迹示意图

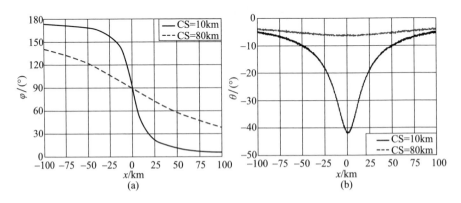

图 4.9 雷达视线角变化

(a) 方位角;(b) 俯仰角。

由图4.8可直观地观察到飞机与雷达的相对位置,航迹总长度200km,雷达在航迹上的投影即为航迹中点。飞机从100km飞到0km过程中,雷达电磁波始终照射在鼻锥到机翼之间的范围内,因此方位角小于90°,当飞临中点时,方位角恰好为90°,在 −100km ~ 0 过程中方位角大于90°。由于雷达电磁波始终从机身下侧照射飞机,导致雷达视线的俯仰角始终为负值,当飞临航路中点时,飞机与雷达的距离最近,由于飞行高度恒定,使得此时的俯仰角最大,雷达视线角变化详见图4.9。由于飞机高度一致,而航路捷径不同,对于小航路航迹,雷达视线可覆盖更宽的视线角范围。

为了研究侧站平飞动态RCS的频率响应和极化响应特性,分别以 F−22 的VHF波段水平和垂直两种极化以及L波段垂直极化的静态RCS数据库作为数据来源,基于图4.9所示的雷达视线角信息,用双线性插值法从静态RCS数据库中提取视线角对应的静态RCS值,最后构成隐身飞机在预定航迹下的动态RCS序列,不同航路捷径下侧站平飞的动态RCS特性如图4.10和图4.11所示,其中VHF_VV表示VHF波段垂直极化,VHF_HH表示VHF波段水平极化,L_VV表示L波段垂直极化,下同。

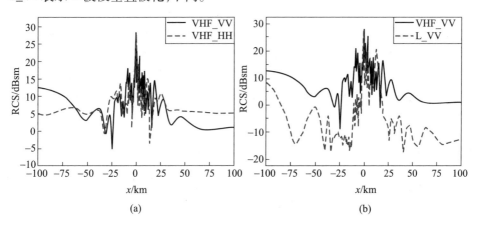

(a)　　　　　　　　　　　　(b)

图 4.10　小航路平飞的动态 RCS 特性

(a) 不同极化的 RCS 比较;(b) 不同频率的 RCS 比较。

由图4.10可得,对于小航路侧站平飞而言,航迹前段和后段的动态RCS起伏平缓,而航迹中段的动态RCS起伏尤为剧烈,与对应各阶段雷达视线角的变化趋势相一致,说明复杂目标的RCS对视线角变化极其敏感。通过比较不同极化的RCS特性,可以看出水平极化的RCS值和垂直极化的RCS值基本相当。比较不同波段的RCS特性可以得到,VHF波段的RCS均比L波段的RCS大,该结论验证了隐身设计只能在某些重点微波波段发挥作用,一般在米

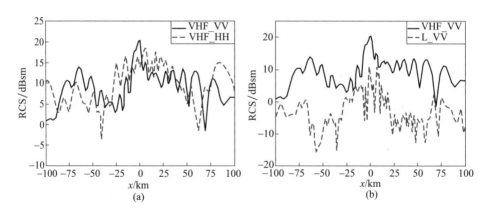

图 4.11 大航路平飞的动态 RCS 特性

（a）不同极化的 RCS 比较；（b）不同频率的 RCS 比较。

波段（VHF 波段）会失效。在米波段时，目标尺寸与电磁波频率在同一数量级，目标产生了谐振现象，导致 RCS 显著增大，米波雷达反隐身就是基于此原理实现的。在航迹中段这种差异不是特别明显，因为在航迹中雷达电磁波照射在正侧机翼方向，该方向不属于隐身设计的重点视线角范围，外形隐身设计往往突出在飞机的鼻锥方向等重点区域。这种现象在两种航路的动态 RCS特性中都有体现。由于动态 RCS 的起伏，常用均值和中值等位置特征参数来描述其特性，为了验证上述定性分析，表 4.1 给出了上述 6 组动态 RCS 的均值和中值。

表 4.1　侧站平飞动态 RCS 的统计参数　　　　　（单位：dBsm）

类型	CS = 10km			CS = 80km		
	VHF_HH	VHF_VV	L_VV	VHF_HH	VHF_VV	L_VV
均值	10.29	9.96	− 6.05	11.70	10.95	− 0.23
中值	5.72	5.23	− 9.01	9.64	9.40	− 3.90

假设 RCS 数据的累积分布函数为 $F(\sigma)$，概率密度函数为 $p(\sigma)$，中值 $\sigma_{0.5}$就是当累积分布函数为 0.5 时的数值，高于或低于 $\sigma_{0.5}$ 的数据出现概率各占一半，故又称其为中位值，其定义为

$$F(\sigma_{0.5}) = \int_{-\infty}^{\sigma_{0.5}} p(\sigma)\mathrm{d}\sigma = 0.5 \tag{4.13}$$

均值 $\bar{\sigma}$ 是指 RCS 数据的算术平均值，有时为满足研究需求，只需对给定扇形范围内的原始数据进行数学平均，即区域均值。两者的定义均为

$$\bar{\sigma} = \frac{1}{N}\sum_{i=1}^{N}\sigma_i \qquad (4.14)$$

一个随机变量的均值可以不存在,但是中值总是存在的,从这个意义上说,相比于均值,中值的应用领域更为广泛。

由表4.1可得以下结论:①水平极化的 RCS 值均大于垂直极化的 RCS 值。②米波段的 RCS 值显著大于微波段的 RCS 值。以上这两个结论的原因分析已在上文中进行了详细阐述,此处不再赘述。③平均中值比均大于1,由于飞机在某些重点视线角范围内的 RCS 值很小,导致中值普遍小于均值,另外从对数正态分布模型的定义考虑,可知 RCS 的平均中值比应该大于1,从而验证了仿真结果符合实际情况。④航路捷径对 RCS 的中值影响较大,而影响均值的效果不明显。在航迹中段,小航路的 RCS 大于大航路的 RCS,因为小航路飞行时视线角中的俯仰角更大,目标动态 RCS 包含了镜面散射的回波。

4.3.3 侧站盘旋的动态 RCS

在实际的外场动态 RCS 测量过程中,选用侧站平飞航迹需要满足的条件较为苛刻,在满足远场条件的基础上,俯仰角覆盖范围要求航线远端相对雷达仰角应小于20°,方位角覆盖范围要求雷达与航线远端连线相对航路捷径的夹角不小于70°,因此采取侧站盘旋方式获取飞机全向动态 RCS 特性具有试验代价成本低的优势,在外场动态试验中应用更为普遍。

在本节仿真中,假定隐身飞机做定常盘旋运动,即飞机的盘旋半径和航速保持不变,基于式(4.3)解算出了侧站盘旋的航迹,求得高空($H = 9 \text{km}$)时迎角 $\alpha \approx 7°$、坡度 $\gamma_s \approx 10°$,中空($H = 4 \text{km}$)时迎角 $\alpha \approx 6°$、坡度 $\gamma_s \approx 12°$。仿真了两种飞行高度下飞机定常盘旋的动态 RCS 特性,盘旋半径为 40km,飞机盘旋投影的圆心坐标为($0 \text{km},80 \text{km}$),雷达位于($0 \text{km},0 \text{km},0 \text{km}$)处。飞行航迹和雷达相对位置如图 4.12 所示。机体坐标系中的雷达视线角变化如图 4.13 所示,应用第 3 章建立的随机抖振模型,当 $H = 4 \text{km}$ 时,解算得到 $\sigma = 1.36196$,即在高度为 4km 的空中飞行,飞机的随机抖振对动态 RCS 幅度的影响符合均值为 0、标准差为 1.36196 的正态分布,记做 $N(0, 1.36196^2)$。由于盘旋航迹在图 4.13 中的 x 坐标必然会重复,因此在表述雷达视线角变化和动态 RCS 特性时,将时间变量 t 作为横轴。从图 4.13(a)可以看出,由于两种航迹的地面投影相同,因此两者的方位角变化几乎一致,并且近似呈线性变化。从图 4.13(b)可明显地看出随机抖动的影响,造成了雷达视线角的随机起伏,高度低的航迹其俯仰角动态范围小,而且雷达波束均从机身下侧照射飞机。

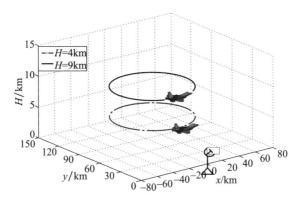

图 4.12 侧站盘旋的航迹示意图

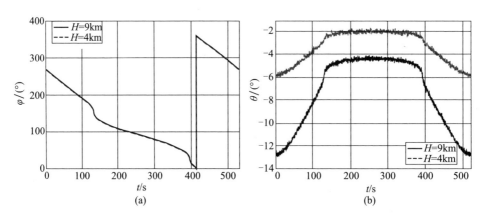

图 4.13 雷达视线角变化

（a）方位角；（b）俯仰角。

本节动态 RCS 仿真的数据来源与上节相同,分别是 VHF 波段水平和垂直两种极化以及 L 波段垂直极化的静态 RCS 数据库。基于图 4.13 所示的雷达视线角信息,得到了不同飞行高度的侧站盘旋动态 RCS 特性,如图 4.14 和图 4.15 所示。

从图 4.14 和图 4.15 可以总结出,飞机的机翼侧向 RCS 最大,尾部次之,鼻锥方向最小,该规律与第 2 章分析的机身局部区域静态 RCS 分布特性相符。相比于侧站平飞的动态 RCS 起伏,侧站盘旋的动态 RCS 起伏更为剧烈,这是因为盘旋时雷达视线方位角覆盖了飞机的全方位(0°～360°)。总体而言,在一定频率范围内,RCS 值随频率的增大而降低,原因已在侧站平飞的动态 RCS 分析中进行了详细阐述。不同极化的 RCS 之间虽存在差异,但差异不明显。为了验证上述直观定性分析,表 4.2 给出了均值和中值进行定量验证。

56

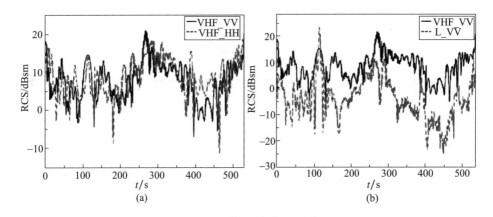

图4.14 中空盘旋的动态 RCS 特性

（a）不同极化的 RCS 比较；（b）不同频率的 RCS 比较。

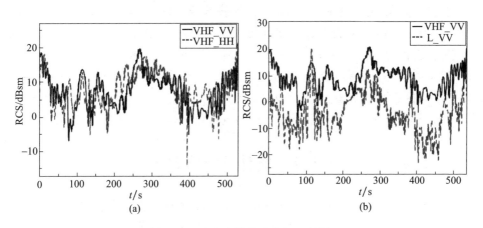

图4.15 高空盘旋的动态 RCS 特性

（a）不同极化的 RCS 比较；（b）不同频率的 RCS 比较。

表4.2　侧站盘旋动态 RCS 的统计参数 　　　（单位：dBsm）

类型	$H=4\text{km}$			$H=9\text{km}$		
	VHF _HH	VHF _VV	L_VV	VHF _HH	VHF _VV	L_VV
均值	11. 24	10. 77	3. 83	11. 72	11. 54	2. 81
中值	8. 45	9. 33	−4. 44	8. 85	9. 02	−4. 28

　　表4.2 中的各项指标定量验证了上文中的定性分析结论,而且还可以得到所有 RCS 序列的平均中值比均大于 1,与实际情况相符;飞行高度对动态 RCS 值没有十分明显的影响,考虑可能是由于两种仿真高度上飞机的散射作用机理相同,因此没有明显区分,可在后续工作中增加飞行高度的跨度,探索规律。

第5章　飞机动态散射特性的统计模型

复杂目标的散射回波可以等效为多散射中心的回波合成,在运动过程中,随着雷达视线角实时变化,各部分的贡献相互干涉,引起雷达回波的起伏,这种起伏综合表现为动态 RCS 的起伏和角闪烁。由于动态 RCS 是一个无规律的起伏量,通常用两种形式来描述其起伏特性:一种是动态 RCS 时间序列,这部分已在第 4 章中进行了研究;另一种是动态 RCS 起伏统计模型。视线角的微小变化都会引起目标 RCS 的强烈起伏,因此不能笼统地说目标的 RCS 有多大,需要研究其统计特征,如数字特征和起伏统计模型,数字特征有助于对 RCS 数据的直观了解,而起伏统计模型可以对目标 RCS 特性进行完整描述。目标类型、视角区域、航迹类型等因素都会影响 RCS 的统计特性,很难用某一简单的分布函数去描述不同目标类型、航迹、视角区域的 RCS 起伏特性,一种解决的方案是增加模型参数个数,使得多参数的起伏统计模型具有更普遍的适用性。

5.1　统计分析方法

为了使动态 RCS 数据应用更为方便,通常对原始数据进行相应的处理和简化。以数据段内统计数字特征参数(极大值、极小值、中值、均值、标准差等)的形式体现,此外,还采用概率密度函数和累积分布函数的形式对动态 RCS 的分布情况进行完整描述。

5.1.1　统计特征

RCS 序列包含了目标的特征,包括位置特征参数(极大值 σ_{max}、极小值 σ_{min}、均值 $\bar{\sigma}$、中值 $\sigma_{0.5}$ 等)、散布特征参数(极差 σ_L、标准差 STD 等)、分布特征参数(偏度系数 v_1 和峰度系数 v_2 等)和相关特征参数(线性相关系数和线性时关系数等)[96]。

假定有长度为 N 的 RCS 离散数据 $\{\sigma_1, \sigma_2, \cdots, \sigma_N\}$,标准差 STD 又称为均方差,物理意义是 σ_i 偏离均值 $\bar{\sigma}$ 的平均偏差,其定义为

$$STD = \sqrt{\frac{\sum_{i=1}^{N} (\sigma_i - \bar{\sigma})^2}{N - 1}} \tag{5.1}$$

当长度 N 很大时,可近似认为 $1/(N-1) \approx 1/N$,则式(5.1)可展开并化为

$$STD = \left[\frac{1}{N} \sum_{i=1}^{N} (\sigma_i^2 - 2\sigma_i\bar{\sigma} + \bar{\sigma}^2) \right]^{1/2}$$

$$= \left[\frac{1}{N} \sum_{i=1}^{N} \sigma_i^2 - 2\bar{\sigma} \frac{1}{N} \sum_{i=1}^{N} \sigma_i + \frac{1}{N} \sum_{i=1}^{N} \bar{\sigma}^2 \right]^{1/2}$$

$$= (\overline{\sigma^2} - 2\bar{\sigma}\bar{\sigma} + \bar{\sigma}^2)^{1/2} = (\overline{\sigma^2} - \bar{\sigma}^2)^{1/2} \tag{5.2}$$

由式(5.2)可知,标准差是各数据平方的均值减去均值平方后的平方根。

分布特征参数用来描述 RCS 概率密度函数的图形特征,主要指分布的形状与对称形式,参数包括偏度系数 v_1 和峰度系数 v_2。

偏度系数的定义为

$$v_1 = E\left[\left(\frac{\sigma - \bar{\sigma}}{\sqrt{D(\sigma)}} \right)^3 \right] \tag{5.3}$$

v_1 表征分布形状偏离对称的程度,若 $v_1 = 0$,则认为分布是对称的;如果 $v_1 > 0$,则称为右偏态,此时位于均值右边的值比位于左边的值多些;如果 $v_1 < 0$,则称为左偏态,即位于均值左边的值比右边的值多些。

峰度系数的定义为

$$v_2 = E\left[\left(\frac{\sigma - \bar{\sigma}}{\sqrt{D(\sigma)}} \right)^4 \right] \tag{5.4}$$

如果 $v_2 > 0$,表示分布有沉重的"尾巴",即数据含有较多偏离均值的数据;对于正态分布,$v_2 = 0$,故 v_2 的值也可看作数据偏离正态分布的尺度。

建立 RCS 起伏统计模型的基础就是研究 RCS 的概率密度函数(PDF)和累积分布函数(Cumulative Distribution Function,CDF),两者反映了 RCS 的数据分布情况。PDF 用来描述 σ 位于 $\sigma_0 \sim \sigma_0 + d\sigma$ 之间的概率 $P(\sigma_0)$,其定义为

$$P(\sigma_0) = \int_{\sigma_0}^{\sigma_0 + d\sigma} p(\sigma) d\sigma = p(\sigma_0) d\sigma \tag{5.5}$$

CDF 定义为 RCS 不大于某个值 σ_0 的概率,其大小可由 PDF 曲线积分得到,具体表达式为

$$F(\sigma_0) = \int_{-\infty}^{\sigma_0} p(\sigma) d\sigma \tag{5.6}$$

式(5.6)的几何意义为 PDF 曲线在 $-\infty \sim \sigma_0$ 范围内所覆盖的面积。由于

RCS 值均小于 $+\infty$，即 $\int_{-\infty}^{+\infty} p(\sigma)\mathrm{d}\sigma = 1$，表示 PDF 曲线所覆盖的总面积为 1。

5.1.2 拟合优度检验方法

动态 RCS 统计建模的过程是事先假设数据服从某种分布，随后用该分布来拟合 RCS 样本数据，为了判断假设能否有效描述样本数据，通常用样本信息对所作假设进行拟合优度检验。拟合优度检验是在假设的拟合分布与样本数据之间做某种形式的比较，假定找到一个检验统计量，就给定的样本数对该检验统计量与其可能值进行比较，实际检验统计量落入这一范围内便决定了显著性水平 α，即拒绝零假设的最大概率。

常用的分布检验方法分别有 χ^2 检验、Kolmogorov – Smirnov 检验（简记为 K – S 检验）、Jarque – Bera 检验和 Lilliefors 检验 4 种[97]，后两种适用于均值和方差未知的正态分布假设检验。而目标 RCS 分布特性一般不服从正态分布，因此常采用 χ^2 检验[59] 和 K – S 检验[98] 作为 RCS 拟合优度的检验方法。

χ^2 检验的定义：设总体 X 的分布函数为 $F(X)$，将随机变量 X 的取值划分成 k 个互不相容的区间 $A_1, A_2, \cdots, A_k$，记 n_i 为简单样本 $X_1, X_2, \cdots, X_n$ 落入 $A_i(i = 1, 2, \cdots, k)$ 中的频数，$\sum_{i=1}^{k} n_i = n$，则在 n 次试验中事件 A_i 出现的频率 $f(A_i) = \dfrac{n_i}{n}$。

假定原假设 $H_0 : F(x) = F_0(x)$ 成立，则总体 X 落入区间 A_i 内的概率 $p_i = P(A_i) = F_0(a_i) - F(a_{i-1})$ $(i = 1, 2, \cdots, k)$，按照大数定律，当 H_0 为真时，频率 $f(A_i)$ 与概率 p_i 的差异不应太大。根据这个思想，皮尔逊用加权和构造了一个统计量，$\chi^2 = \sum_{i=1}^{k} \dfrac{(n_i - np_i)^2}{np_i}$，称为皮尔逊 χ^2 统计量。当 p_i 为总体的真实概率时，皮尔逊 χ^2 统计量的渐近分布是自由度为 $k-1$ 的 χ^2 分布。假设在含有 m 个未知参数的总体分布 $F(x; \theta_1, \theta_2, \cdots, \theta_m)$ 中用极大似然估计 $(\hat{\theta}_1, \hat{\theta}_2, \cdots, \hat{\theta}_m)$ 代替 $(\theta_1, \theta_2, \cdots, \theta_m)$，并以此估计 p_i，则皮尔逊统计量变为 $\chi^2 = \sum_{i=1}^{k} \dfrac{(n_i - n\hat{p}_i)^2}{n\hat{p}_i}$，当 n 充分大时，服从自由度为 $k-m-1$ 的 χ^2 分布。

χ^2 检验统计量由下式给定，即

$$\chi^2 = \sum_{i=1}^{n} \frac{(O_i - E_i)^2}{E_i} \tag{5.7}$$

式中：O_i 为落入第 i 组的样本实际观测数；E_i 为期望的观测数。当样本容量足够大时，该统计量近似服从自由度为 $n-1-m$ 的 χ^2 分布，其中 n 为组数，m 为待估计的参量个数。

χ^2拟合优度检验是把样本观测数据分成若干组,并且要求每组的理论观测数不小于 5,如果不能满足,通过合并相邻组来达到要求,这样真实的检验统计量分布与其渐近χ^2分布之间一致的范围将不会太小。当χ^2检验统计量的观测值超过临界值$\chi^2(n-1-m)$时,在显著性水平α下即可认为样本数据不服从事先假定的分布。χ^2检验方法的主要优点在于可以应用到任意类型的分布函数。

K-S 检验的原理如下。

假设$H_0 : F(x) = F_0(x)$,其中$F_0(x)$是已知的连续分布函数。设$F_n(x)$是样本离散数据$x_1, x_2, \cdots, x_n$的经验分布函数,由 Glivenko 定理可知,对于任何固定的 x,有$P\left\{\lim\limits_{n\to\infty}\left[\sup\limits_{-\infty < x < \infty} \left| F_n(x) - F(x) \right|\right] = 0\right\} = 1$,即当 n 足够大时,$F_n(x)$ 与 $F(x)$相当接近。所以,当H_0成立且足够大时,$F_n(x)$与$F_0(x)$的差距不会太大。

Kolmogorov 提出把观测数据与假设分布之间的最大垂直距离作为检验统计量D_n,具体表达式为

$$D_n = \sup_{-\infty < x < \infty} \left| F_n(x) - F_0(x) \right| \tag{5.8}$$

D_n的极限分布$Q(\lambda)$具体表示为

$$Q(\lambda) = \lim_{n\to\infty} P\left(D_n < \frac{\lambda}{\sqrt{n}} \right) = \sum_{k=-\infty}^{+\infty} (-1)^k \exp(-2k^2\lambda^2) \quad \forall \lambda > 0 \tag{5.9}$$

对于给定显著性水平α,确定λ_α,使得$Q(\lambda_\alpha) = 1 - \alpha$。如果$D_n < \lambda_{1-\alpha}/\sqrt{n}$,则接受原假设$H_0$;如果$D_n \geqslant \lambda_{1-\alpha}/\sqrt{n}$时,则拒绝原假设。

在计算D_n时,首先将样本数据$x_1, x_2, \cdots, x_n$按升序排列成$x_{(1)} \leqslant x_{(2)} \leqslant \cdots \leqslant x_{(n)}$,然后在每个顺序统计量$x_{(i)}$上求样本经验分布函数和假设的分布函数之间偏差最大的一个,即

$$d_i = \max\left\{ \left| F_0(x_{(i)}) - \frac{i-1}{n} \right|, \left| \frac{i}{n} - F_0(x_{(i)}) \right| \right\} \quad i = 1, 2, \cdots, n \tag{5.10}$$

检验统计量D_n即为d_i中最大的一个,即

$$D_n = \max\{ d_1, d_2, \cdots, d_n \} \tag{5.11}$$

K-S 检验是一种做点点比较的检验方法,其相对于χ^2检验的最大优点是它不论样本个数多少都给出了严格解,而χ^2检验只有当采样个数足够大时才能逼近其值,因此,K-S 检验特别适用于小量采样集情况。在 RCS 的统计分析中,如果 RCS 样本数据的统计特性与假定分布的拟合结果接近,则检验结果的值较小,若检验结果的值较大则表明假定分布不能准确描述样本数据的统计特性。

5.2 常用的 RCS 起伏统计模型

几十年来,RCS 起伏模型的研究大致经历了两个发展阶段:第一阶段建立了非起伏模型(Marcum 分布)和 Swerling Ⅰ~Ⅳ分布等 5 种经典模型;随着雷达目标种类的发展以及机动形式的多样化,研究人员相继提出了卡方分布、对数正态分布、韦布尔分布、赖斯分布等,称为第二阶段统计模型,其中卡方分布是应用最为广泛的模型,目前,大部分的雷达检测理论是以卡方分布及其特例 Swerling 模型为基础建立起来的。第二阶段统计模型能够表述目前大多数复杂雷达目标的统计特性,因此本书分别采用卡方分布、对数正态分布和韦布尔分布对第 3 章得到的动态 RCS 进行统计分析。

5.2.1 卡方分布

卡方分布的概率密度函数[2]表示为

$$p(\sigma) = \frac{k}{\Gamma(k)\,\bar{\sigma}} \left(\frac{k\sigma}{\bar{\sigma}} \right)^{k-1} \exp\left(-\frac{k\sigma}{\bar{\sigma}} \right) \quad \sigma > 0 \tag{5.12}$$

式中:σ 为 RCS 变量;$\bar{\sigma}$ 为 RCS 的均值;k 为双自由度数值,其值越小表示 RCS 起伏越剧烈,且可以不为正整数,因此其拟合性能好,这是其区别于 Swerling 模型最大的优点。Swerling Ⅰ~Ⅴ模型是当 k 分别为 1、N、2、$2N$ 和 ∞ 时的特例[99]。

Swerling Ⅰ分布又称为瑞利分布,是卡方分布簇中当 $k=1$ 时的特例。它表示由多个独立均匀的散射子组合而成的慢起伏目标,且表现为扫描间起伏,典型目标如前向观察小型喷气飞机等。Swerling Ⅱ分布是自由度为 $2N$(N 为一次扫描中脉冲积累数)的卡方分布,它与 Swerling Ⅰ分布区别在于其用来表示快起伏目标,且表现为脉冲间起伏,典型目标有大型民用客机、喷气飞机等。

Swerling Ⅲ分布是 $k=2$ 时的卡方分布,它表示由一个占主导地位的主散射子和若干独立均匀散射子组合的慢起伏目标,且扫描间起伏,代表目标有直升机、螺旋桨推进飞机等。Swerling Ⅳ分布是自由度为 $4N$ 的卡方分布,与 Swerling Ⅲ分布的区别在于其代表快起伏目标,且脉冲间相关,如卫星、舰船、侧向观察的导弹与高速飞行器等目标。

当 $k=\infty$ 时,卡方分布变为马克姆分布(Marcum),又称为 Swerling Ⅴ分布,此时 RCS 为常值,表示非起伏目标,如标定金属球等。

为了提升卡方分布的拟合效果,将 RCS 均值也当作概率密度函数中的一个可变参数,则卡方分布变为双参数的分布。图5.1(a)反映的是当 $\bar{\sigma} = 3m^2$ 时,k 值变化对曲线形式的影响,k 值越小,RCS 值分布越集中,说明概率密度曲线起伏越大;图5.1(b)反映的是当 $k = 1.5$ 时,$\bar{\sigma}$ 不同取值对曲线形式的影响,$\bar{\sigma}$ 越大,RCS 在整个取值范围内的分布概率越均匀。

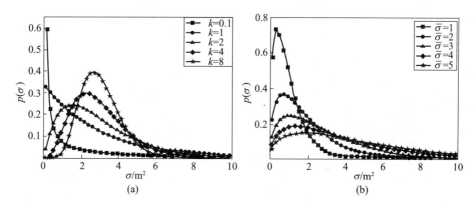

图5.1　参数变化对卡方分布 PDF 曲线形式的影响

(a) k 不同取值;(b) $\bar{\sigma}$ 不同取值。

5.2.2　对数正态分布

对数正态分布[9]的概率密度函数表示为

$$p(\sigma) = \frac{1}{\sigma s \sqrt{2\pi}} \exp\left(-\frac{(\ln\sigma - \ln\mu)^2}{2s^2} \right) \quad \sigma > 0 \qquad (5.13)$$

式中:σ 为 RCS 变量;μ 和 s 分别为均值和标准差。正态分布和对数正态分布是紧密联系的,当变量 σ 满足参数 μ 和 s 的对数正态分布时,变量 $\ln\sigma$ 满足参数为 μ 和 s 的正态分布。

对数正态分布的概率密度曲线呈现为长拖尾形式,说明存在部分概率很小但比中值大很多的 RCS 值。因此,对数正态分布常用来描述由电大尺寸的不规则外形散射体组合的目标,如大的舰船、卫星与空间飞行器等目标。

值得注意的是,在 RCS 统计建模领域,对数正态分布还有另一种表现形式,即

$$p(\sigma) = \frac{1}{\sigma \sqrt{4\pi\ln\rho}} \exp\left(-\frac{\ln^2\left(\dfrac{\sigma}{\sigma_0}\right)}{4\ln\rho} \right) \quad \sigma > 0 \qquad (5.14)$$

式中:ρ 为平均中值比,即 $\bar{\sigma}/\sigma_0$;σ_0 为中值。通过推导,可知两个表达式是等

效的。

以式(5.13)为例,图5.2(a)是当 $s = 0.3$ 时,μ 从 1 递增到 5 对概率密度曲线的影响,可以看出 μ 决定了峰值的横坐标位置,并影响了 RCS 的分布;图5.2(b)反映出当 $\mu = 3$ 时,s 取值变化对概率密度曲线的影响,可见 s 越小,RCS 取值越集中于均值附近,与实际情况相符。

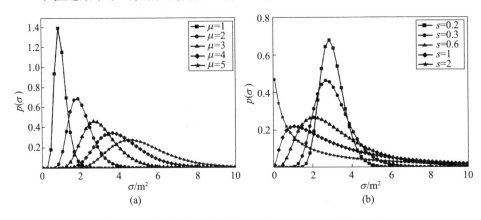

图 5.2　参数变化对对数正态分布 PDF 曲线形式的影响
(a) μ 不同取值; (b) s 不同取值。

5.2.3　韦布尔分布

韦布尔分布的概率密度函数[64]表示为

$$p(\sigma) = \frac{k}{\lambda}\left(\frac{\sigma}{\lambda}\right)^{k-1} \exp\left[-\left(\frac{\sigma}{\lambda}\right)^k\right] \quad \sigma > 0, k > 0, \lambda > 0 \tag{5.15}$$

式中:σ 为 RCS 变量;λ 为尺度参数;k 为形状参数。需要说明一点,原始的韦布尔分布是三参数的分布,还有一个位置参数,由于线性空间中的 RCS 值均为正数,故默认位置参数为零,简化为式(5.15)。

韦布尔分布的累积分布函数为拓展指数分布,指数分布和瑞利分布是它的特殊情况。当 $k = 1$ 时,韦布尔分布就转化为指数分布

$$p(\sigma) = \frac{1}{\lambda}\exp\left(-\frac{\sigma}{\lambda}\right) \quad \sigma > 0, \lambda > 0 \tag{5.16}$$

韦布尔分布的期望和方差为

$$E = \lambda \Gamma\left(1 + \frac{1}{k}\right) \tag{5.17}$$

$$D = \lambda^2 \Gamma\left(1 + \frac{2}{k}\right) \tag{5.18}$$

式中:$\Gamma(\cdot)$为伽马函数。

韦布尔分布的应用非常广泛,广泛应用于寿命检验和可靠性分析等领域,在雷达工程方面,应用在海杂波、地杂波以及目标 RCS 的统计建模中,简单的双锥体目标和复杂隐身飞行器的 RCS 统计特性均能利用韦布尔分布进行精确描述。

图5.3(a)反映的是当 $k=4$ 时,韦布尔分布概率密度曲线随 λ 从1递增到5的变化过程,可以看出,λ 的取值决定了峰值的横坐标位置,并影响了 RCS 值的分布情况;图5.3(b)反映的是当 $\lambda=5$ 时,k 取值的变化对概率密度曲线的影响,可知 k 值影响的是 RCS 的起伏分布,k 值越大,RCS 分布越集中于 λ 附近。

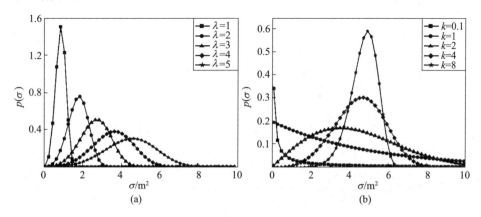

图5.3　参数变化对韦布尔分布 PDF 曲线形式的影响

(a) λ 不同取值;(b) k 不同取值。

需要说明的是,所有的起伏统计模型都是基于线性空间的 RCS 数据,因此利用对数空间的 RCS 数据进行统计建模,需经过对数空间到线性空间的变换,同时分布模型也要进行相应修正,变换关系为

$$p(\sigma_{\mathrm{dB}}) = p(\sigma)\frac{\partial \sigma}{\partial \sigma_{\mathrm{dB}}} \tag{5.19}$$

5.2.4　统计建模结果分析

本节主要对第4章得到的隐身飞机动态 RCS 仿真数据进行统计分析。基于非线性最小二乘原则,分别利用上述3种统计分布对动态 RCS 的概率密度函数曲线进行拟合,拟合结果如图5.4和图5.5所示。由于 K – S 拟合优度检验方法具有适用于小采样集的优点,因此本书采用 K – S 检验对拟合结果进行定量比较分析。累积分布函数是在概率密度函数的基础上积分而成的,故书中不再

单独给出累积分布函数的曲线拟合图,K－S检验结果和分布特征参数如表5.1和表5.2所列。

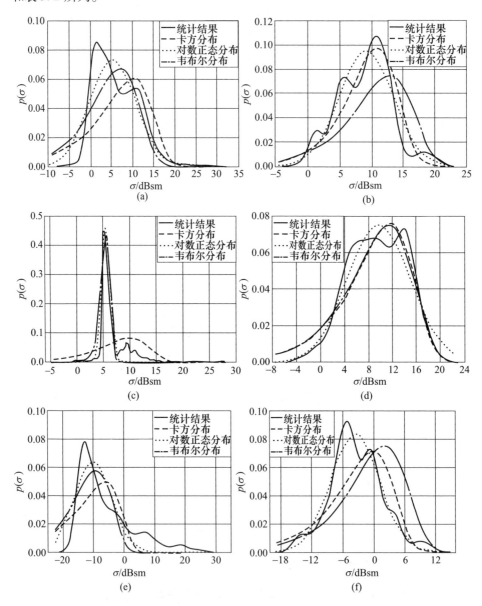

图 5.4　侧站平飞的动态 RCS 统计建模结果

（a）小航路 VHF_VV；（b）大航路 VHF_VV；（c）小航路 VHF_HH；（d）大航路 VHF_HH；
（e）小航路 L_VV；（f）大航路 L_VV。

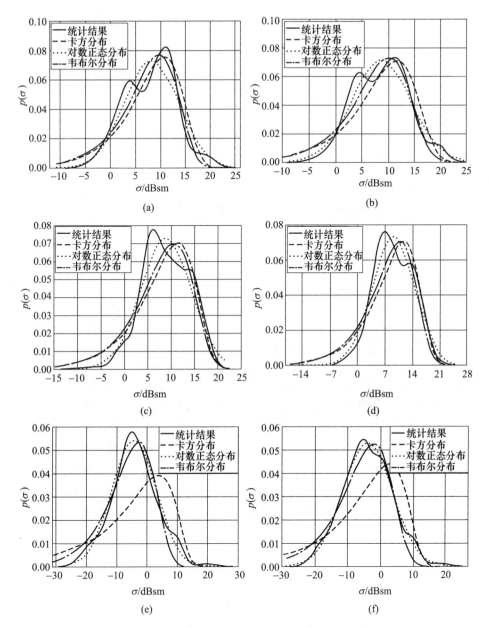

图 5.5 侧站盘旋的动态 RCS 统计建模结果

（a）中空 VHF_VV；（b）高空 VHF_VV；（c）中空 VHF_HH；（d）高空 VHF_HH；

（e）中空 L_VV；（f）高空 L_VV。

表 5.1　侧站平飞的 K－S 拟合优度检验结果和分布特征参数

分布类型	小航路			大航路		
	VHF _VV	VHF _HH	L _VV	VHF _VV	VHF _HH	L _VV
卡方分布	0.1407	0.3609	0.1597	0.0619	0.0620	0.1096
对数正态分布	0.0851	0.2289	0.1646	0.0423	0.0364	0.0257
韦布尔分布	0.1302	0.2535	0.2089	0.0410	0.0641	0.0807
v_1	0.7315	2.5362	1.2704	0.0626	-0.1926	0.2146
v_2	3.4499	13.4048	4.0605	2.9838	2.2941	3.2741

表 5.2　侧站盘旋的 K－S 拟合优度检验结果和分布特征参数

分布类型	中空			高空		
	VHF_VV	VHF _HH	L _VV	VHF_VV	VHF_HH	L _VV
卡方分布	0.0472	0.0801	0.1724	0.0568	0.0825	0.1302
对数正态分布	0.0437	0.0249	0.0225	0.0190	0.0244	0.0077
韦布尔分布	0.0459	0.0915	0.0769	0.0693	0.0947	0.0598
v_1	-0.0544	-0.2851	0.1548	0.0582	-0.1173	0.1298
v_2	2.6504	3.0454	3.3406	2.5772	2.8064	2.9319

结合图 5.4 和表 5.1,可以看出对数正态分布对侧站平飞条件下的各种动态 RCS 分布特性均能实现最优拟合,表明对数正态分布在描述侧站平飞的动态 RCS 统计特性上具有通用性。通过对表 5.1 中偏度系数和峰度系数进行分析,发现当极化方式不同时,RCS 的分布特性有明显差异,特别在大航路捷径时,水平极化的 RCS 分布表现为左偏态,而垂直极化表现为右偏态;当极化方式相同时,频率高的偏度系数大于频率低的偏度系数,而且随着航路捷径的增大,这种趋势愈加明显。表 5.3 给出了航迹特征和电磁波特征与对数正态分布拟合参数的对应关系。

表 5.3　对数正态分布的拟合参数

类型	VHF_HH	VHF_VV	L_VV
小航路	$\mu = 3.5517$　$s = 0.197$	$\mu = 3.4083$　$s = 1.2568$	$\mu = 0.0957$　$s = 1.4316$
大航路	$\mu = 9.484$　$s = 1.2282$	$\mu = 8.2021$　$s = 0.9695$	$\mu = 0.4305$　$s = 1.1009$

可以从表 5.3 得出,随着航路捷径的变大,均值参数随之增大,而标准差的变化不明显,基本维持在 1 左右。极化方式对拟合的影响不明显,但是频率的增大将使均值参数减小,这与 RCS 的变化趋势相一致。由于只研究了两种

航路捷径和 3 种电磁波信息，所以只能概略性地反映它们与拟合参数的对应关系。

从图 5.5 和表 5.2 可以归纳出，在 3 种分布中，对数正态分布的检验统计量最小，说明其在所有 6 种条件下均能达到最佳拟合优度；对于两种 L_VV 的动态 RCS，卡方分布的检验结果比另外两种分布高出一个量级，表明该分布的拟合效果很差。通过分析侧站盘旋的分布特征参数，发现极化方式对动态 RCS 的分布形式影响较大，在高空盘旋时，水平极化的 RCS 为左偏态，而垂直极化的 RCS 为右偏态；同时，频率越高，偏度系数越大。表 5.4 列出了对数正态分布的拟合参数。

表 5.4　对数正态分布的拟合参数

类型	VHF_HH	VHF_VV	L_VV
中空	$\mu = 7.4839 \quad s = 1.2598$	$\mu = 6.7099 \quad s = 1.2563$	$\mu = 0.3985 \quad s = 1.7$
高空	$\mu = 8.0872 \quad s = 1.251$	$\mu = 7.2736 \quad s = 1.2846$	$\mu = 0.3904 \quad s = 1.7628$

由第 4 章的分析可得，在两种高度上动态 RCS 没有显著差异，从表 5.4 也可以看出两者的拟合参数非常相近，但也可以看出随着高度的升高，均值参数增大，而标准差参数基本不变，维持在 1.2 左右。在相同高度上，比较标准差参数可知，L 波段的比 VHF 波段的大，L 波段的均值参数小于 VHF 波段的均值参数。

5.3　通用的多参数起伏统计模型

对于不同的目标类型、不同的运动航迹或者频率、极化等条件，动态 RCS 的统计特性将会有很大区别，传统的起伏统计模型不能实现在各种条件均达到最佳拟合效果，这样必然会给 RCS 起伏统计模型在雷达工程中的应用带来瓶颈，因此有必要建立一种通用的起伏统计模型。目前常用的 RCS 起伏统计模型都是单参数或者双参数的分布模型，因此考虑通过增加模型参数来提升模型的通用性。本书提出了将混合正态分布模型应用于 RCS 的统计建模方法，具有拟合效果佳、通用性好的优点。

5.3.1　模型介绍

混合正态分布是由若干正态分布模型加权叠加而成的，在语音识别、图像处理[100]、故障识别等领域得到了广泛的应用。它的一个重要性质是，当模型中分量足够多时，能够以任意精度逼近任意分布[101]。

混合正态分布的概率密度函数表达式为

$$p(\sigma, \Theta) = \sum_{i=1}^{M} \frac{a_i}{\sqrt{2\pi} s_i} \exp\left(- \frac{(\sigma - \mu_i)^2}{2s_i^2} \right) \tag{5.20}$$

式中：$\Theta = (a_1, a_2, \cdots, a_M; \mu_1, \mu_2, \cdots, \mu_M; s_1, s_2, \cdots, s_M)$；$a_i$ 为第 i 个分量的权重，满足 $\sum_{i=1}^{M} a_i = 1$；μ_i、s_i 分别为第 i 个分量的均值和标准差信息；M 为模型中分量的个数。

根据前文分析可知，在对数空间中，RCS 概率密度曲线表现为单峰或多峰的形式，而在线性空间中，曲线则呈现为递减的指数函数形式。因此，根据正态分布函数的曲线形式，可推断基于混合正态分布来描述对数空间的 RCS 数据所需要的分量个数，然而 RCS 起伏统计模型通常是以线性空间中的数据建立起来的，因此需要进行线性空间与对数空间的变换，具体转换关系为

$$f_{\text{dBsm}}(\sigma_{\text{dBsm}}) = \frac{1}{\sqrt{2\pi} s} \exp\left(- \frac{(\sigma_{\text{dBsm}} - \mu)^2}{2s^2} \right) \tag{5.21}$$

$$f_{\text{sm}}(\sigma_{\text{sm}}) = f_{\text{dBsm}}(\sigma_{\text{dBsm}}) \frac{\partial \sigma_{\text{dBsm}}}{\partial \sigma_{\text{sm}}} = \frac{10 \lg e}{\sqrt{2\pi} s \sigma_{\text{sm}}} \exp\left(- \frac{(10 \lg \sigma_{\text{sm}} - \mu)^2}{2s^2} \right) \quad \sigma_{\text{sm}} > 0$$

$$\tag{5.22}$$

由上述转换关系即可得到基于混合正态分布模型建立的 RCS 统计模型为

$$p(\sigma) = \sum_{i=1}^{M} \frac{10 a_i \lg e}{\sqrt{2\pi} s_i \sigma} \exp\left(- \frac{(10 \lg \sigma - \mu_i)^2}{2s_i} \right) \quad \sigma > 0 \tag{5.23}$$

式中：a_i、μ_i、s_i 分别反映第 i 个正态分量的权重、峰值位置和标准差信息。

5.3.2　模型分析

混合正态分布模型中每个分量有 3 个参数，本书以二阶混合正态分布为例，分析参数对分布概率密度曲线形式的影响。二阶混合正态分布共有 6 个参数，但是由于加权因子的内在条件限制，实际上只有 5 个参数，考虑到两个分量的对称关系，本节主要分析单一分量的权重、均值和标准差的影响，其余参数的影响可由此类推。若两个分量的均值和方差相同，那么无论权重如何变化，PDF 曲线都是重合的，因此在分析权重的影响时，分别从分量的均值变化和方差变化两方面进行研究，如图 5.6(a) 和图 5.6(b) 所示。当权重确定且标准差相同时，均值的影响如图 5.6(c) 所示；当权重确定且均值相同时，标准差的影响如图 5.6(d) 所示。

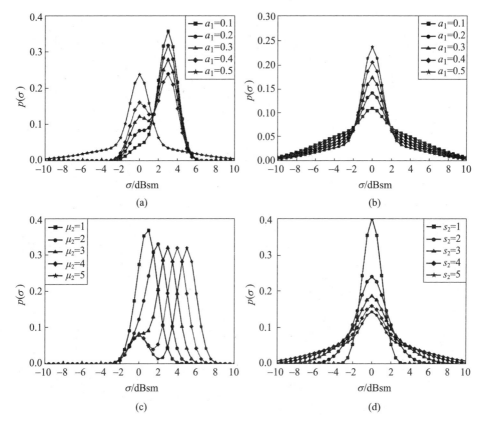

图 5.6　参数变化对混合正态分布 PDF 曲线形式的影响

（a）$\mu_1=0,\mu_2=3,s_1=s_2=1$；（b）$\mu_1=\mu_2=0,s_1=0,s_2=5$；

（c）$a_1=0.2,a_2=0.8,\mu_1=0,s_1=s_2=1$；（d）$a_1=0.2,a_2=0.8,\mu_1=\mu_2=0,s_1=1$。

　　由图分析可得，权重反映了分量在混合模型中所占的比例，当方差相同时，权重越大，分量的峰值越高，大方差分量的权重如果越大，那么曲线的峰值将越小；峰值出现的位置可由均值信息得到，当两分量的均值不等且相差较大、权重相等时，则会表现为对称双峰形式。

5.3.3　统计建模结果分析

　　本节在前文垂直极化的动态 RCS 数据基础上，基于非线性最小二乘原则，应用二阶混合正态分布对 RCS 的概率密度曲线进行拟合分析。混合正态分布拟合结果如图 5.7 和图 5.8 所示。另外，给出了混合正态分布模型的拟合参数和 K－S 检验结果，如表 5.5 和表 5.6 所列，其中括号内数值为上一节中得到的最佳拟合优度。

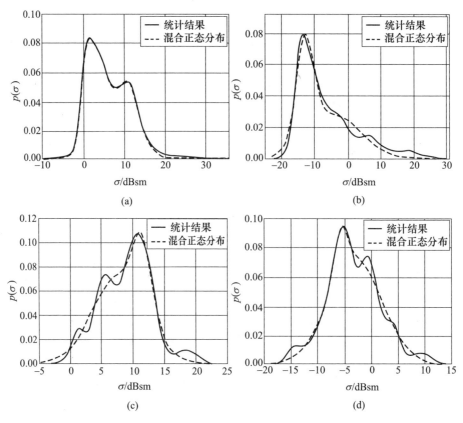

图 5.7　侧站平飞 RCS 的混合正态分布拟合结果

（a）小航路 VHF 波段；（b）小航路 L 波段；（c）大航路 VHF 波段；（d）大航路 L 波段。

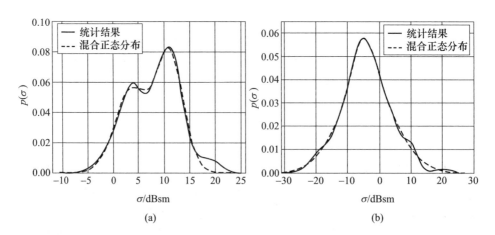

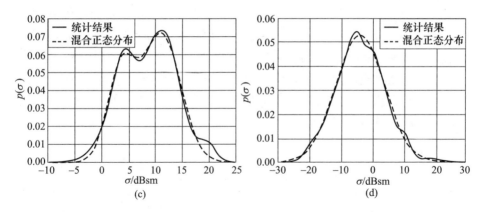

图 5.8　侧站盘旋 RCS 的混合正态分布拟合结果

（a）中空 VHF 波段；（b）中空 L 波段；（c）高空 VHF 波段；（d）高空 L 波段。

表 5.5　侧站平飞的混合正态分布拟合参数和 K‑S 检验结果

选项	小航路 VHF 波段	小航路 L 波段	大航路 VHF 波段	大航路 L 波段
拟合参数	$a_1 = 0.43$　$a_2 = 0.57$ $\mu_1 = 2.06$　$\mu_2 = 11.11$ $s_1 = 2.21$　$s_2 = 4.86$	$a_1 = 0.42$　$a_2 = 0.58$ $\mu_1 = -12.56$ $\mu_2 = -3.93$ $s_1 = 2.65$　$s_2 = 7.96$	$a_1 = 0.78$　$a_2 = 0.22$ $\mu_1 = 7.67$　$\mu_2 = 11.44$ $s_1 = 4.29$　$s_2 = 1.51$	$a_1 = 0.09$　$a_2 = 0.91$ $\mu_1 = -5.75$ $\mu_2 = -3.14$ $s_1 = 1.20$　$s_2 = 5.01$
检验结果	0.0178(0.0851)	0.0628(0.1597)	0.029(0.041)	0.0138(0.0257)

由图 5.7 和表 5.5 可以看出，混合正态分布对侧站平飞的动态 RCS 分布特性的拟合精度很高，从 K‑S 检验结果可以看出，混合正态分布的拟合优度皆优于 5.3.2 节中的最佳拟合优度，并且低频的拟合效果比高频的好。通过比较不同条件的拟合参数，发现相同的侧站平飞航迹，当电磁波频率不同时，均值的差异很大，而权重和方差的差别较小。当电磁波频率相同时，均值随航路捷径的增大而变大。航路捷径越大，分布中两个权重相差越大。

表 5.6　侧站盘旋的混合正态分布拟合参数和 K‑S 检验结果

选项	中空 VHF 波段	中空 L 波段	高空 VHF 波段	高空 L 波段
拟合参数	$a_1 = 0.52$　　$a_2 = 0.48$ $\mu_1 = 11.11$　$\mu_2 = 3.65$ $s_1 = 2.65$　$s_2 = 3.25$	$a_1 = 0.18$　　$a_2 = 0.82$ $\mu_1 = -5.00$ $\mu_2 = -3.96$ $s_1 = 3.56$　$s_2 = 8.70$	$a_1 = 0.64$　　$a_2 = 0.36$ $\mu_1 = 11.08$　$\mu_2 = 3.57$ $s_1 = 3.59$　$s_2 = 2.58$	$a_1 = 0.97$　$a_2 = 0.03$ $\mu_1 = -4.29$　$\mu_2 = 4.74$ $s_1 = 7.54$　$s_2 = 6.01$
检验结果	0.034(0.0437)	0.0067(0.0225)	0.0255(0.019)	0.0072(0.0077)

73

由图 5.8 和表 5.6 可以看出,在侧站盘旋动态 RCS 的统计建模方面,混合正态分布的拟合优度也达到最佳。通过分析拟合参数,可归纳出以下规律:在两种高度上,频率越高,分量的权重差异也越大,此时表现为单峰形式,当权重差异不明显,而均值相距较大时,曲线表现为双峰形式,单峰的拟合优度优于双峰的。还可以看出,在侧站盘旋运动中,当电磁波频率相同时,飞行高度对拟合参数的影响不明显,这是由于目标在这两种高度的散射机理区分不大的缘故。

第6章　飞机动态特性对雷达探测的影响

"四大威胁"中隐身目标在战场上的大量使用,对单基地雷达探测构成了严重威胁,近几场局部高技术战争表明,单基地雷达已经越来越不能满足现代战争的需要。而备受关注的双基地雷达由于受到"时间同步、空间同步和相位同步"以及反电子干扰、数据处理这3大关键技术的限制,使得其在防空反隐身领域中的能力发挥有限,发展仍然较为缓慢。

如何有效抗击隐身目标是现代防空作战中急需解决的问题。对于进攻方来讲,当目标飞行逼近雷达站时,会面临被雷达探测到而不能隐身突防的危险。对于地面防空武器系统来说,要有效地对付隐身目标,必须首先解决对隐身目标的发现问题,也就是要解决雷达在划定警戒区域能否实现对隐身目标的有效探测。因此,研究隐身目标电磁散射特性对雷达探测能力的影响显得尤为迫切而有意义。

本章以F-22作为典型隐身目标,将目标、雷达相对位置与第2章全空域RCS数据库相结合,从单/双基地雷达方程出发,分别从不同飞行高度、雷达频率、雷达基线长度和雷达站相对位置4个方面仿真计算了单/双基地雷达对隐身目标的探测范围,给反隐身探测效能评估及布站方式选择提供了理论依据与技术手段。

6.1　探测原理

6.1.1　单基地雷达原理

雷达的探测范围指雷达在立体空间中能够发现目标的区域,主要取决于雷达的作用距离。雷达作用距离不是一个确定值,不仅取决于雷达系统本身的性能参数(即发射功率、脉冲宽度、接收机灵敏度、天线增益及频率等),还与目标的综合特性(即目标的形状、尺寸、材料以及所处的姿态等)和空间环境有着密切的关系。

采用收发共用天线的雷达称为单基地雷达,即在发射电磁波时该天线作为发射天线,而接收目标散射回波时该天线又作为接收天线,发射和接收电磁波顺序交替进行。假设目标沿 y 轴负方向做等高直线飞行，以雷达所在地为坐标原点 O，建立目标与雷达之间的相对位置关系，如图 6.1 所示。

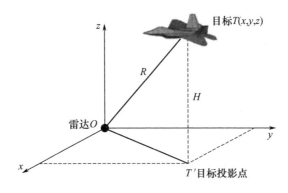

图 6.1　单基地雷达空间几何关系

雷达的作用距离是雷达的重要性能指标之一，研究雷达作用距离的数学模型为雷达作用距离方程，简称雷达方程。在不考虑匹配损耗、极化损失和环境因素影响的前提下，理想状态的单基地雷达方程可以简化为

$$R = \left[\frac{P_{\mathrm{T}} G_{\mathrm{T}} G_{\mathrm{R}} \lambda^2 \sigma}{(4\pi)^3 S} \right]^{\frac{1}{4}} \tag{6.1}$$

式中：P_{T} 为发射站雷达发射功率；G_{T}、G_{R} 分别为发射天线和接收天线的增益，一般情况下，单基地雷达只有一部天线，采用收发共用开关控制电磁波的发射和接收，因此 $G_{\mathrm{T}} = G_{\mathrm{R}} = G$；$\lambda$ 为雷达的工作波长，由电磁波频率决定；σ 为目标单站 RCS；S 为接收机检测到目标的信号功率，当 S 等于最小可检测信号功率 $S_{i\min}$ 时，R 为最大作用距离 $R_{\max}$。

对于一部确定的雷达，其参数 P_{T}、G_{T}、G_{R} 和 λ 就已经确定，则 $C = \dfrac{P_{\mathrm{T}} G_{\mathrm{T}} G_{\mathrm{R}} \lambda^2}{(4\pi)^3}$ 为常数，代入雷达方程式(6.1)可得

$$R_{\max} = \left[\frac{C\sigma}{S_{i\min}} \right]^{\frac{1}{4}} \tag{6.2}$$

假设目标在雷达坐标系中的坐标为 (x, y, z)（坐标已进行雷达球坐标系与直角坐标系的转换），若要求雷达在警戒区域能够探测到目标，则需要满足以下条件，即

$$R_{\max} \geqslant R = \sqrt{x^2 + y^2 + z^2} \tag{6.3}$$

即雷达的最大作用距离不得小于目标与雷达之间的真实距离；否则，雷达将不能探测到目标。因此，当雷达参数确定后，影响雷达探测目标范围的因素仅与

76

目标雷达散射截面 σ 和目标坐标值 (x,y,z) 这两个因素有关,这两个因素可以由目标全空域 RCS 特性以及目标在雷达警戒区域的位置分别求解。

6.1.2 双基地雷达原理

采用收发天线分置的两个(多个)雷达称为双(多)基地雷达,即双基地雷达是指一部雷达的发射天线和另一部雷达的接收天线之间隔开一段距离,如果一个发射天线配有多个接收天线,则这种雷达系统称为多基地雷达。

取双基地雷达的坐标原点 O 位于发射站与接收站连线的中心,x 轴由发射站指向接收站,y 轴垂直于 x 轴。假设目标沿 y 轴负方向做垂直于双基地雷达连线的等高直线飞行,建立目标与双基地雷达之间的相对位置关系,如图 6.2 所示。其中,T_x 代表发射站、R_x 代表接收站。发射站与接收站之间的连线称为基线,L 为双基地雷达发射站与接收站之间的基线距离。β 为雷达发射站、目标连线与接收站、目标连线所构成的角度,称为双基地角。

在图 6.2 中,双基地雷达主要参数可以由以下式子确定,即

$$R_R = \sqrt{\left(x - \frac{L}{2}\right)^2 + y^2 + z^2} \tag{6.4}$$

$$R_T = \sqrt{\left(x + \frac{L}{2}\right)^2 + y^2 + z^2} \tag{6.5}$$

$$\beta = \arccos\left(\frac{R_T^2 + R_R^2 - L^2}{2R_T R_R}\right) \tag{6.6}$$

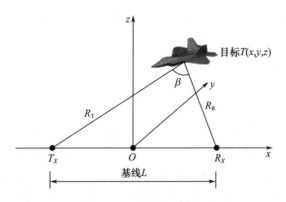

图 6.2 双基地雷达空间几何关系

同样地,在不考虑匹配损耗、极化损失和环境因素影响的情况下,理想状态的双基地雷达方程可以简化为

$$(R_T R_R)^2 = \frac{P_T G_T G_R \lambda^2 \sigma_\beta}{(4\pi)^3 S} \qquad (6.7)$$

式中：P_T 为发射站雷达发射功率；R_T、R_R 分别为目标与发射站、目标与接收站之间的距离，两者的取值大多数时候是不相等的，只有当目标处于双基地雷达连线的中垂线上时两者相等；σ_β 为目标的双站 RCS；G_T、G_R 分别为发射站天线增益和接收站天线增益，两者在双基地雷达系统中的取值可以相等也可以不相等，根据天线的性能决定，本书仿真取相等；S 为雷达接收到的目标信号功率。

将式(6.7)进行简单变形，即可得到以下方程，即

$$S = \frac{P_T G_T G_R \lambda^2 \sigma_\beta}{(4\pi)^3 (R_T R_R)^2} \qquad (6.8)$$

同样地，$C_1 = \dfrac{P_T G_T G_R \lambda^2}{(4\pi)^3}$ 是由双基地雷达性能所决定的常数，则双基地雷达能够探测到目标应满足以下式子，即

$$\frac{C_1 \sigma_\beta}{(R_T R_R)^2} \geqslant S_{\min} \qquad (6.9)$$

由式(6.9)知，影响双基地雷达探测能力的因素仅与 σ_β、R_T、R_R 的大小有关。

6.2　探测范围计算方法

如果按一定的距离间隔将整个警戒区域在水平面内进行划分，在每个划分的节点上判断目标能否被雷达探测到，将这些可探测节点在警戒区域用图形填充表示，这个图形称为雷达对目标的可探测范围，也称为可探测区域。可探测范围图形能够形象地显示出所讨论目标在雷达作用下的探测区域和不可探测区域即隐身区域。它能形象、直观地告诉我们，目标以固定姿态在等高飞行时什么位置隐身能力弱，其可探测距离较大，则在那些位置处容易被敌方发现；在什么位置隐身能力强，其可探测距离较小，则在那些位置处不容易被敌方发现，而目标只要在填充区域以外按固定姿态直线飞行，就能处于较好的隐身状态。这样，当已知对方雷达站的布站方式和目标自身散射特性时，飞行员就可以自己调整飞行姿态，以隐身能力最强的部位对着雷达飞行，进而实现在雷达阵地之间的"自由飞行"或对某预定目标进行突防攻击。同时，作为地面防御方，防空雷达武器系统也可以有针对性地部署雷达站，对重点关心的区域实现尽可能大范围的探测。

本书采用网格剖分方法[81-82]来计算单/双基地雷达的探测范围。首先在飞行高度的水平面内设定以单基地雷达为中心的警戒区域(双基地时以双基地雷达的连线中心为警戒区域的中心),然后分别以 Δx、Δy 的长度将警戒区域沿 x、y 轴进行矩形剖分,只要剖分长度足够短,就能够知道警戒区域内每一点能否被探测。随着目标位置的改变,目标距雷达的距离 R、雷达视线角处的 RCS 均发生变化,此时,目标是否被探测到由式(6.3)、式(6.9)决定,警戒区域网格剖分如图6.3所示。

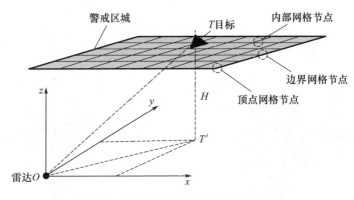

图6.3 警戒区域网格剖分示意图

在仿真设定的区域,矩形网格节点处的面积按照位置关系需要分成3种类型来计算:①警戒区域顶点处的网格节点,雷达探测面积为 $\Delta S = \Delta x \cdot \Delta y/4$;②警戒区域边界上的网格节点,雷达探测面积为 $\Delta S = \Delta x \cdot \Delta y/2$;③警戒区域内部的网格节点,雷达探测面积为 $\Delta S = \Delta x \cdot \Delta y$。

需要说明的是,为了更全面地观察雷达对目标的整个探测范围,本书只考虑情况③的探测面积计算方法,这是因为,如果设置的警戒区域足够大(即警戒区域边缘均为不可探测区域),则不需要考虑①和②两种情况。

6.3 探测范围仿真

6.3.1 单基地雷达探测范围仿真

设定 P 波段远程预警雷达参数:天线发射功率 $P_T = 800\text{kW}$,增益 $G = 35\text{dB}$,频率 $f = 435\text{MHz}$,灵敏度 $S_i = -80\text{dBmW}$。X 波段地基相控阵雷达参数:天线发射功率 $P_T = 1000\text{kW}$,增益 $G = 42\text{dB}$,频率 $f = 10\text{GHz}$,灵敏度 $S_i = -90\text{dBmW}$。雷达警戒区域 S 设置为: $-300\text{km} \leqslant x \leqslant 300\text{km}$、$-300\text{km} \leqslant y \leqslant 150\text{km}$,剖分步长 $\Delta x = 1\text{km}$、$\Delta y = 1\text{km}$。

假设目标以恒定速度等高飞行,高度分别为 $H = 1km$、$H = 3km$、$H = 5km$ 和 $H = 10km$。在设定的警戒区域内,P 波段远程预警雷达、X 波段地基相控阵雷达对目标的探测范围仿真结果分别如图 6.4 和图 6.5 所示,其中,未考虑雷达的仰角限制,雷达站位于警戒区域坐标(0,0)位置处,用白色圆块表示,探测面积用 S 表示,黑色图形部分代表雷达对匀速、等高飞行目标的可探测范围。

通过图 6.4 的雷达探测范围仿真可以看出,对于 F-22 隐身目标而言,随着飞行高度的增加,在警戒区域内的探测面积先增加后减小,但是在目标正对着雷达站飞行的过程中(即 0 航路捷径),随着飞行高度 H 的增加(H 分别为 1km、3km、5km、10km),雷达的最大探测距离 L 也逐渐增加(L 分别为 33km、42km、50km、63km)。同时,还可以看出,当隐身目标正对防空武器系统雷达站飞行时,

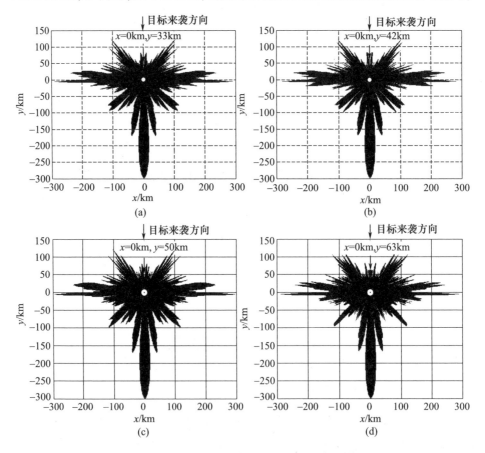

图 6.4　单基地雷达(P 波段)对 F-22 的探测范围
(a) $H = 1km, S = 45225km^2$;(b) $H = 3km, S = 46829km^2$;
(c) $H = 5km, S = 47311km^2$;(d) $H = 10km, S = 45207km^2$。

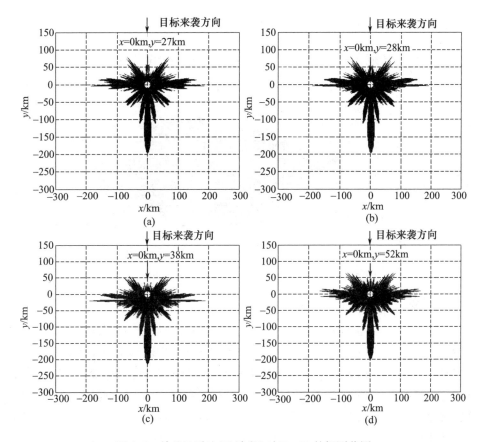

图 6.5　单基地雷达(X 波段)对 F - 22 的探测范围

(a) $H = 1\mathrm{km}, S = 19782\mathrm{km}^2$; (b) $H = 3\mathrm{km}, S = 20514\mathrm{km}^2$;

(c) $H = 5\mathrm{km}, S = 20270\mathrm{km}^2$; (d) $H = 10\mathrm{km}, S = 20421\mathrm{km}^2$。

因为在目标机头方向的小角度范围内具有较小的 RCS 值,雷达对目标的探测距离大大下降,隐身效果明显;但是在目标侧向和尾部,目标隐身效果较差,雷达探测距离和探测范围随之增大。

　　将图 6.5 与图 6.4 进行对比,同样可以得出上面的结论,且在发射功率和天线增益均占优势的情况下,X 波段雷达的探测范围比 P 波段雷达的探测范围小,这说明本节仿真提供了一个重要的信息,那就是米波雷达比厘米波雷达探测范围更广,对 F - 22 隐身飞机具有更好的反隐身能力。

　　综合以上分析可知,对于进攻方,采取较小航路捷径和低空飞行可以增加突防概率;而对于防御方,利用目标头向、侧向和尾部 RCS 差异较大的特点,采取多部雷达组网从多角度对隐身目标进行探测,或者利用目标非全频域隐身的特点,采用不同频率雷达进行探测则能取得很好的反隐身效果。

6.3.2 双基地雷达探测范围仿真

要得到双基地雷达的探测范围,就必须获得目标的双站 RCS 特性数据,图 6.6 是利用软件 FEKO 计算的 P 波段隐身目标 F - 22 双站 RCS 特性。

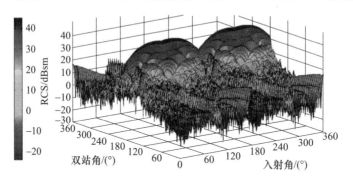

图 6.6 隐身目标 F - 22 双站 RCS 特性

从隐身目标 F - 22 双站 RCS 的仿真结果可以看出,在入射角一定的情况下,双站 RCS 不仅与入射角度有关,还与入射角和目标的相对位置有关。例如,当入射角为 0°(从机头方向入射)、双基地角为 0°时,RCS 取得较小值;当入射角为 180°(从机尾方向入射)、双基地角为 0°时,RCS 取得较大值。对于任意入射角度,双基地角为 180°时,为前向散射,其 RCS 达到最大值。这是因为隐身目标只能在某些角度减小其单站散射,并不能兼顾其他方向的双站散射,也不能做到全方位隐身。而上述两个 0°双基地角处的 RCS 分别对应目标头向和尾部的后向散射,180°双基地角处的 RCS 对应目标的前向散射,隐身目标的前向散射一般大于目标的后向散射(即雷达散射截面),因此 RCS 值大小有所差异。

单从目标电磁散射特性来讲,双基地雷达具有抗隐身的能力是因为双基地雷达可以利用以下两个因素,一是利用目标的侧向散射,二是利用目标的前向散射,这一点从第 2 章中目标的静态 RCS 特性和图 6.4、图 6.5 的单基地仿真中也可以得到分析和验证。因此,我们更加关心的是目标在实际飞行接近双基地雷达站时,由于双基地角的变化而引起的前向散射增强将如何影响雷达对目标的探测范围。下面进行双基地雷达探测范围的一些仿真与讨论分析。

假设 F - 22 隐身飞机保持 5km 的高度垂直于双基地雷达基线方向飞行,双基地雷达警戒区域 S 同样设置成与单基地雷达相同。由于基线长度既可以引起 σ_β 的改变,又能改变 R_T、R_R,故本节选取不同的双基地雷达基线仿真计算双基地雷达对目标的探测区域。仿真结果如图 6.7 所示,左侧坐标值 $x < 0$ 的白色圆块为发射站,右侧坐标值 $x > 0$ 的白色方块为接收站。

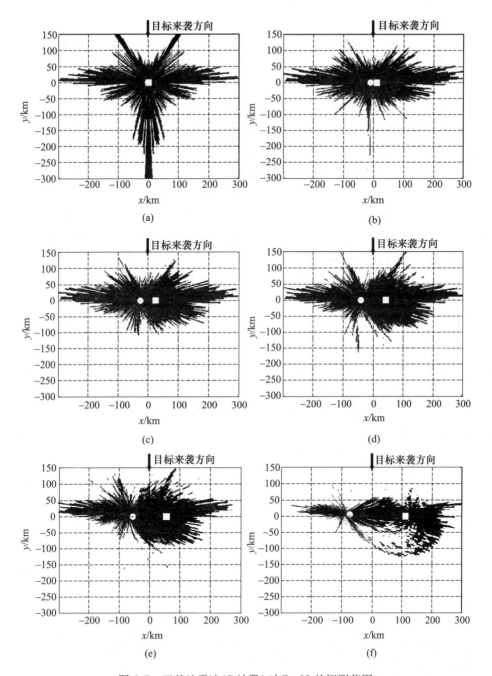

图 6.7　双基地雷达(P 波段)对 F-22 的探测范围

（a）$L=2\text{km}, S=48023\text{km}^2$；（b）$L=20\text{km}, S=49760\text{km}^2$；（c）$L=50\text{km}, S=51582\text{km}^2$；

（d）$L=80\text{km}, S=52982\text{km}^2$；（e）$L=110\text{km}, S=55120\text{km}^2$；（f）$L=220\text{km}, S=35201\text{km}^2$。

根据图 6.7 中双基地雷达对 F-22 的探测仿真结果可知,当基线 $L=2\text{km}$,探测区域的面积为 $S=48023\text{km}^2$,其面积与图 6.4(c)所示的探测面积接近。这是因为基线距离长度较短,两雷达之间的双基地角较小,其双站 RCS 可以近似为单站 RCS,双基地雷达的探测则近似为单基地雷达探测,这也从侧面验证了 FEKO 软件计算单/双站 RCS 特性数据的一致性和单/双基地雷达方程理论的正确性。当 $L=20\text{km}$、$L=50\text{km}$、$L=80\text{km}$、$L=110\text{km}$ 时,雷达可探测区域的面积分别为 $S=49760\text{km}^2$、$S=51582\text{km}^2$、$S=52982\text{km}^2$、$S=55120\text{km}^2$,而当 $L=220\text{km}$ 时,探测区域的面积减小为 $S=35201\text{km}^2$。可以看出,当基线长度逐渐增加时,其探测面积也随之增加,且接收站附近的探测区域比发射站周围的探测范围更广。但是当基线长度继续增加为 $L=220\text{km}$ 时,探测面积反而急剧下降。这一点可以从式(6.9)来分析,这不仅与目标的双站雷达散射截面 σ_β 有关,还和目标与收、发站之间的距离 R_R、R_T 有着更大的关系。R_R、R_T 两者的平方变化关系对双基地雷达方程的影响更加明显,基线长度增加势必导致探测距离下降。

下面以基线长度分别为 80km 和 220km 为例来进行分析说明。雷达性能参数取 P 波段雷达参数:$P_T=800\text{kW}$,$G=35\text{dB}$,$f=435\text{MHz}$,$S_i=-110\text{dBw}$。当基线长度为 $L=80\text{km}$,目标的位置坐标为 $A(0\text{km},63\text{km},5\text{km})$ 时,目标的双站 RCS 为 $\sigma_\beta=0.16\text{m}^2$。此时计算出式(6.9)的左边等于 9.8039×10^{-12},在数值上不满足式(6.9),因此 A 点不能被探测。当目标继续往前飞行,目标的位置坐标为 $B(0\text{km},50\text{km},5\text{km})$ 时,目标的双站 RCS 为 $\sigma_\beta=0.24\text{m}^2$,此时计算出式(6.9)的左边等于 2.7045×10^{-11},在数值上满足式(6.9),因此 B 点能被探测;而当基线长度为 220km 时,目标的位置坐标为 $B(0\text{km},50\text{km},5\text{km})$,此时算出式(6.9)的左边等于 2.1515×10^{-12},在数值上不满足式(6.9),因此 B 点不能被探测。当目标继续往前飞行,目标的位置坐标为 $C(0\text{km},25\text{km},5\text{km})$ 时,目标的双站 RCS 为 $\sigma_\beta=0.85\text{m}^2$,此时计算出式(6.9)的左边等于 1.0026×10^{-11},在数值上满足式(6.9),因此 C 点能被探测。所以,在明确目标航线的情况下,只有选择合适的基线长度,才能获得最佳的探测距离。为了方便直观了解以上讨论,现将结果进行总结,如表 6.1 所列,其中,"×"代表不能被探测,"√"代表能被探测。

表 6.1　不同基线长度对目标的探测能力

坐标点	目标位置坐标	双站 RCS	基线长度 $L=80\text{km}$		基线长度 $L=110\text{km}$	
A	(0km,63km,5km)	$\sigma_\beta=0.16\text{m}^2$	$\beta=64.8°$	×	$\beta=120.4°$	×
B	(0km,50km,5km)	$\sigma_\beta=0.24\text{m}^2$	$\beta=76.3°$	√	$\beta=131.1°$	×
C	(0km,25km,5km)	$\sigma_\beta=0.85\text{m}^2$	$\beta=115.9°$	√	$\beta=154.4°$	√

由图6.7可得,当目标正对着雷达基线中心(即两雷达站连线的中心)飞行时,最大探测距离小于60km且连续性较差,对雷达形成巨大威胁,没有发挥出双基地雷达的探测优势;而且就目标与两个雷达站的相对位置关系而言,也没有充分利用较大的双基地角对应目标前向RCS较大的特点。因此,设置以下4种布站方式,改变两个雷达站的相对位置对目标的探测范围进行仿真,发射站、接收站的位置关系如图6.2所示,仿真结果如图6.8所示。

布站方式1:发射站位置(−40km,0km),接收站位置(40km,30km)。

布站方式2:发射站位置(−40km,0km),接收站位置(40km,−30km)。

布站方式3:发射站位置(−40km,0km),接收站位置(40km,110km)。

布站方式4:发射站位置(−40km,0km),接收站位置(40km,−110km)。

图6.8(a)中探测面积$S = 54788 km^2$,两雷达站连线中心处的最大探测距离

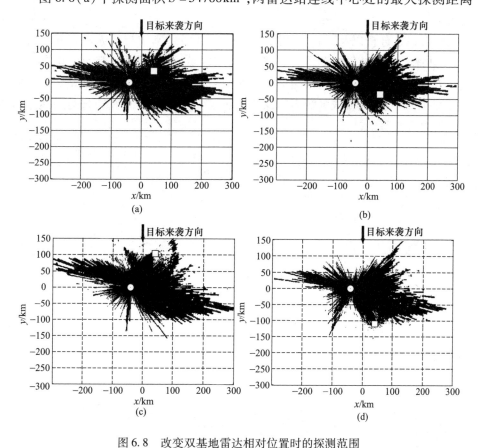

图6.8 改变双基地雷达相对位置时的探测范围

(a)布站方式1的探测范围;(b)布站方式2的探测范围;(c)布站方式3的探测范围;

(d)布站方式4的探测范围。

为57km;图6.8(b)中探测面积 $S=52030km^2$,两雷达站连线中心处的最大探测距离为62km;图6.8(c)中探测面积 $S=56017km^2$,两雷达站连线中心处的最大探测距离为90km;图6.8(d)中探测面积 $S=53488km^2$,两雷达站连线中心处的最大探测距离为73km。

对比图6.8中(a)和(b)、(c)和(d)可知,两个雷达在 y 方向上的距离较大时,其探测面积也较大,两雷达站连线中心处的最大探测距离也更远;接收站位于目标站和发射站之间相比于发射站位于目标站和接收站之间,其探测面积更大,两雷达站连线中心处的最大探测距离也更远。以上仿真结果给双基地雷达面临隐身飞机突防时,在雷达布站方式的选取上提供了一种思路及策略。同时,还可以从双基地探测范围仿真图中得到启示:采用相对位置各不相同的多基地雷达,在警戒区域具有更加广阔的探测范围,在不同方位上拥有更好的反隐身能力。

结合以上分析以及图6.7和图6.8可知,当雷达基线与目标来袭方向垂直时,雷达站之间区域的探测距离较近,在警戒区域内的探测面积较小,这有利于进攻方选择路线进行突防;而当雷达基线偏离目标来袭方向时,雷达站之间区域的探测距离较远,在警戒区域内的探测面积较大,这有利于防御方进行雷达布站方式的合理选择。

参 考 文 献

[1] 赵士杰,张凤才,邓宁滨,等. 浅论目标与环境特性研究对武器装备系统的重要性[J]. 靶场试验与管理,1995,(1):36-39.

[2] 黄培康,殷红成,许小剑. 雷达目标特性[M]. 北京:电子工业出版社,2005.

[3] 陈中起,于雷,周中良,等. 基于战术隐身的突击精细规划策略[J]. 系统工程与电子技术,2012,34(9):1859-1864.

[4] 丁晓东,刘毅,李为民. 基于动态 RCS 的无人机航迹实时规划方法研究[J]. 系统工程与电子技术,2008,30(5):868-871.

[5] 黄培康. 雷达目标特征信号[M]. 北京:中国宇航出版社,1993.

[6] Swerling P. Probability of detection for some additional fluctuating target cases [R]. Report TOR-669(9990)-14,1966:1-43.

[7] Mayer P,Mayer H. Radar target detection - handbook of theory and practice [M]. New York:Academic Press,1973.

[8] Schoefield P H R. Statistical aspects of ideal radar targets [J]. Proc. of IEEE,1967,55(4):587-589.

[9] Heibreder G R,Mitchell R L. Detection probabilities for Lot - Normally distributed signals [J]. IEEE Transactions on Aerospace and Electronic Systems,1967,3(1):5-13.

[10] 林刚. F-22 与 F-35 隐身飞机 RCS 测试技术研究[J]. 国外目标与环境特性管理与技术研究参考,2009,(3):1-16.

[11] 张云飞,马东立,武哲,等. 两种隐身飞机模型的雷达散射特性测试与分析[J]. 北京航空航天大学学报,2003,29(2):147-150.

[12] 刘战合,黄沛霖,武哲. 飞行器目标频率响应散射特性[J]. 航空学报,2009,30(4):643-648.

[13] 刘君,马瑶,渠立永,等. 微波暗室低散射目标 RCS 测量方法[J]. 解放军理工大学学报(自然科学版),2013,14(1):19-24.

[14] 蒋文亭,吴德伟,何晶. 目标雷达散射截面缩比测量关键技术概述[J]. 信息工程大学学报,2013,14(2):184-188.

[15] Zhao Y,Shi X W,Xu L. Modeling with NURBS surfaces used for calculation of RCS[J]. Progress In Electromagnetics Research,2008,78:49-59.

[16] 李向军,马秋华,焦景欣,等. 通用基于通用 CAD 几何模型的复杂目标 RCS 计算[J]. 探测与控制学报,2008,30(6):46-50.

[17] 刘战合,姬金祖,蒋胜矩,等. 并行多层快速多极子算法的最细层处理改进[J]. 系统工程与电子技术,2011,33(3):482-485.

[18] 刘松华,郭立新,韩旭彪. 并行 PO 分析电大尺寸复杂军事目标的电磁散射[J]. 航空兵器,2010,(5):33-38.

[19] 李建瀛,唐松,刘其中. 大型目标 RCS 的快速计算及分析[J]. 西安电子科技大学学报(自然科学

版),2005,32(3):414 – 417,456.

[20] 伍光新,邓维波,姜维,等.高频段飞机目标 RCS 分析[J].电波科学学报,2008,23(3):545 – 549.

[21] 王凯,李侠,蔡万勇,等.影响军用复杂目标 RCS 起伏的主要因素分析[J].空军雷达学院学报,2012,26(1):1 – 3,7.

[22] 陈秦,魏薇,肖冰,等.国外武器装备 RCS 测试外场研究现状[J].表面技术,2012,41(5):129 – 132.

[23] Atlantic Test Range. Dynamic RCS measurement capability[R]. AD – A388094/XAB, Naval Air Warfare Center,2011.

[24] 杨涛,林刚.飞机 RCS 动态测量的关键技术分析[J].现代雷达,2011,33(7):75 – 78.

[25] Borkar V G,Ghosh A,Singh R K,et al. Radar cross – section measurement techniques[J]. Defence Science Journal,2010,60(2):204 – 212.

[26] Sacchini J J. Simulation of a dynamic aircraft radar signature[R]. Air Force Institute of Technology,Ohio, Afit/eng/tr96 – 02,1996.

[27] Fang X,Su D L. Prediction of in – flight aircraft radar cross – section [A]. 8th International Symposium on Antenna Propagation and EM Theory[C],2008.

[28] 陈俊吉,黄剑伟,许家栋,等.动态雷达目标电磁散射中姿态角的计算[J].弹箭与制导学报,2010,30(6):183 – 185.

[29] 李金梁,曾勇虎,周波,等.飞机目标静态与动态测量的姿态一致性[J].北京航空航天大学学报,2013,39(4):453 – 457.

[30] 张居凤,冯德军,王学松,等.雷达目标动态 RCS 仿真研究[J].系统仿真学报,2005,17(4):834 – 837.

[31] 孙佳佳,童创明,彭鹏,等.弹道中段进动目标动态 RCS 仿真研究[J].科学技术与工程,2013,13(16):4562 – 4566.

[32] 姜卫东,曹敏,聂镭,等.空间目标动态电磁测量数据仿真方法研究[J].系统工程与电子技术,2009,31(9):2042 – 2045.

[33] 张海峰,苏东林,曾国奇.复杂雷达动目标建模及动态 RCS 分析[J].系统工程与电子技术,2006,28(5):687 – 688,698.

[34] 戴崇,徐振海,肖顺平.雷达目标动静态 RCS 特性差异分析[J].信号处理,2013,29(9):1256 – 1263.

[35] 周霞,周建江,李海林.动态 RCS 测量的信号仿真[J].电子科技,20111,24(11):51 – 54,62.

[36] 张善文,卜雪妮.基于小波变换和粗糙集的一种 RCS 处理方法[J].电光与控制,2007,14(1):2 – 4.

[37] 徐鸣,左君伟,岳奎志.机翼前缘后掠角对飞机 RCS 影响的数值模拟[J].海军航空工程学院学报,2014,29(1):48 – 52.

[38] 罗宏.动态雷达目标的建模与识别研究[D].北京:航天总公司第二研究院博士学位论文,1999.

[39] 刘佳,方宁,谢拥军,等.姿态扰动情况下的目标动态 RCS 分布特性[J].系统工程与电子技术,2015,37(4):775 – 781.

[40] 周超,张小宽,张敬伟,等.典型隐身飞机动态 RCS 时间序列研究[J].空军工程大学学报(自然科学版),2013,14(6):15 – 18.

[41] 王大朋,张晨新,庄亚强.运动特征对飞机动态 RCS 统计特性的影响分析[J].空军工程大学学报(自然科学版),2015,16(4):19 – 23.

[42] 庄亚强,张晨新,周超,等.飞机动态 RCS 序列的仿真研究[J].电光与控制,2014,21(7):103 – 106.

[43] Zhuang Y Q,Zhang C X,Zhang X K. A novel simulation approach of aircraft dynamic RCS [J]. Progress In Electromagetics Research M,2014,36:85 – 91.

[44] 张晨新,庄亚强,张小宽,等. 动目标雷达散射截面的建模研究[J]. 现代雷达,2014,36(12):67-69.

[45] Lei X H,Fu X J,Wang C,et al. Statistical feature selection of narrowband RCS sequence based on greedy algotithm [A]. Proceedings of 2011 IEEE CIE International Conference on Radar[C],2011,1664-1667.

[46] Carretero-Moya J,De Maio A,Gismero-Menoyo J,et al. Experimental performance analysis of distributed target coherent radar detectorsp[J]. IEEE Transactions on Aerospace and Electronic Systems,2012,48(3):2216-2238.

[47] Shnidman D A. Expanded Swerling target models [J]. IEEE Transactions on Aerospace and Electronic Systems,2003,39(3):1059-1068.

[48] Maio A D,Farina A,Foglia G. Target fluctuation models and their application to radar performance prediction [J]. IEE Proc.-Radar Sonar Navig. ,2004,151(5):261-269.

[49] Stanhope S A,Keydel E,Williams W,et al. Statistical modeling of complex target radat cross section with the Beta probability density function [A]. Part of the SPIE Conference of Alforithms for Synthetic Aperture Radar Imagery Ⅵ[C],Florida,1999.

[50] Fiche A,Khenchaf A,Cexus J C,et al. RCS characterization of sea clutter by using the α-stable distributions [A]. IET International Conference on Radar Systems[C],2012.

[51] Papanicolopoulos C D,Blair W D,Sherman D L,et al. Use of a Rician distribution for modeling aspect-dependent RCS amplitude and scintillation [A]. 2007 IEEE Radar Conference [C],2007:218-223.

[52] Johnston S L. Target fluctuation models for radar system design and performance analysis:an overview of three papers [J]. IEEE Transactions on Aerospace and Electronic Systems,1997,33(2):696-697.

[53] Swerling P. Radar probability of detection for some additional fluctuation target cases [J]. IEEE Transactions on Aerospace and Electronic Systems,1997,33(2):698-709.

[54] Johnston S L. Target model pitfalls (illness,diagnosis,and rescription) [J]. IEEE Transactions on Aerospace and Electronic Systems,1997,33(2):715-720.

[55] 黄勇,孙嗣良,张鑫鹏. 无人机动态 RCS 测量及数据统计分析[J]. 飞行器测控学报,2011,30(1):35-37.

[56] 林刚. 直升机雷达回波的动态特性分析[J]. 火力与指挥控制,2007,32(2):83-86.

[57] 宋广,张德保,李鸣. 水面舰船 RCS 统计模型分析[J]. 舰船电子对抗,2011,34(2):73-76.

[58] Seo D W,Nam H J,Kwon O J,et al. Myung. Dynamic RCS estimation of chaff clouds [J]. IEEE Transaction on Aerospace Electronic System,2012,48(3):2114-2127.

[59] 张伟,王国玉,曾勇虎,等. 飞机目标动态 RCS 分布特性研究[J]. 电波科学学报,2010,25(1):117-121.

[60] 曾勇虎,王国玉,陈永光,等. 动态雷达目标 RCS 的统计分析[J]. 电波科学学报,2007,22(4):610-613.

[61] 李建龙. 水下目标的目标强度统计模型研究[D]. 上海:上海交通大学硕士学位论文,2013.

[62] Xu X J,Huang P K. A new RCS statistical model of radar target [J]. IEEE Transactions on Aerospace and Electronic Systems,1997,33(2):710-714.

[63] 冯德军,张居凤,王雪松,等. 雷达目标散射截面的物理统计模型[A]. 第九届全国雷达学术年会论文集[C],烟台,2004:837-840.

[64] Shi W Q,Shi X W,Xu L. Radar Cross Section (RCS) statistical characterization using weibull distribution

[J]. Microwave and Optical Technology Letters,2013,55(6):1355 – 1358.

[65] 史伟强,徐乐,史小卫,等. 基于完备对数正态分布模型的隐形飞行器动态 RCS 统计特性研究[J]. 电子与信息学报,2013,35(9):2121 – 2125.

[66] Shi W Q,Shi X W,Xu L. RCS characterization of stealth target using χ^2 distribution and lognormal distribution [J]. Progress In Electromagnetics Research M,2012,27:1 – 10.

[67] 许小剑. 目标电磁散射特征信号的统计复现[J]. 系统工程与电子技术,1994,(8):21 – 27.

[68] 黄坦,徐振海,戴崇,等. 隐身目标雷达散射截面最优分布模型选择[J]. 电波科学学报,2014,29(5):899 – 904.

[69] 庄亚强,张晨新,张小宽,等. 典型隐身飞机动态 RCS 仿真及统计分析[J]. 微波学报,2014,30(5):17 – 21.

[70] 庄亚强,张晨新,张小宽,等. 隐身飞机米波段 RCS 的统计建模研究[J]. 科学技术与工程,2014,14(23):219 – 223.

[71] 庄亚强,张晨新,张小宽,等. 基于高斯混合密度模型的隐身目标 RCS 统计分析[J]. 空军工程大学学报(自然科学版),2014,15(2):37 – 40.

[72] 杨振起,张永顺,骆永军. 双(多)基地雷达系统[M]. 北京:国防工业出版社,1998.

[73] 丁鹭飞,耿富录,陈建春. 雷达原理(第四版)[M]. 北京:电子工业出版社,2011.

[74] Zaporozhets A A,Levy M F. Bistatic RCS Calculation with the Vector Parabolic Equation Method [J]. IEEE Trans on Antennas and Propagation,1999,47(11):1688 – 1696.

[75] Eigel R L,Temoli A J. Bistatic Scattering Characterization of a Complex Object [J]. IEEE Antennas and Propagation Society International Symposium,1999,3(11):1784 – 1787.

[76] 程柏林,傅文斌,姜永金. 不同高度下单/双基地雷达探测范围的分析与应用[J]. 空军雷达学院学报,2002,16(2):23 – 24.

[77] 李昌锦,陈永光,沈阳,等. 一种计算双基地雷达探测区的新方法[J]. 系统工程与电子技术,2004,26(3):325 – 328.

[78] 刘启奎,俞志强,丁建江. 双基地制导雷达反隐身性能建模与仿真[J]. 空军雷达学院学报,2005,19(4):3 – 6.

[79] Pell C. Multistatic Radar for Long Range Air Defense [J]. Microwave Journal,1986,(1):171 – 181.

[80] Qin De hua,Wang Bao fa. Bistatic RCS Prediction with Graphical Electromagnetic Computing (GRECO) Method for Moving Targets [J]. Chinese Journal of Aeronautics,2002,15(3):161 – 165.

[81] 张小宽,张晨新,姜军,等. 单基地雷达对隐身目标探测范围的研究[J]. 现代雷达,2008,(5):21 – 23.

[82] 张小宽,甄蜀春,于庆国. 双基地雷达的探测范围分析[J]. 弹箭与制导学报,2003,23(1):196 – 198.

[83] 张考,马东立. 军用飞机生存力与隐身设计[M]. 北京:国防工业出版社,2002.

[84] 胡明春. 雷达目标电磁散射特性仿真与测量[J]. 现代雷达,2012,34(10):1 – 5.

[85] 郭鹏,白亮,武梦洁,等. 基于 FEKO 的雷达散射截面实时计算[J]. 航空科学技术,2013,(6):72 – 76.

[86] 党永学. 雷达目标散射场计算与识别研究[D]. 西安:西安电子科技大学硕士学位论文,2009.

[87] 刘璇. 基于无源雷达的动目标回波仿真与定位研究[D]. 大连:大连理工大学硕士学位论文,2013.

[88] 庄钊文,袁乃昌. 雷达目标识别及雷达散射截面研究的现状与发展趋势[A]. 全国微波毫米波会议

论文集[C],长沙,1999:588-592.

[89] 吴迪,孙洪毅,刘军,等. 基于 Matlab Simulink 的物理实验——简谐振动仿真研究[J]. 大学物理实验,2010,23(6):72-74.

[90] 应文威,李成军,冯士民. 高斯尺度混合大气噪声模型的参数估计[J]. 通信技术,2014,47(9):1010-1013.

[91] 袁志发,宋世德. 多元统计分析[M]. 北京:科学出版社,2008.

[92] 高西全,丁玉美,阔永红. 数字信号处理——原理、实现及应用[M]. 北京:科学出版社,2012.

[93] 林国华,朱永甫. 飞机飞行性能与控制[M]. 西安:空军工程学院,1997.

[94] 温晓杨. 动态目标雷达回波建模与仿真程序设计[D]. 长沙:国防科学技术大学硕士学位论文,2006.

[95] 赵国辉,司光亚,李昌锦. 面向作战分析的典型空中目标 RCS 建模[J]. 火力与指挥控制,2010,35(8):45-47,51.

[96] 许小剑,黄培康. 利用 RCS 幅度信息进行雷达目标识别[J]. 系统工程与电子技术,1992,14(6):1-9.

[97] 周品. MATLAB 概率与数理统计[M]. 北京:清华大学出版社,2012.

[98] 林刚,许家栋. 目标 RCS 动态数据的分布特征研究[J]. 现代雷达,2006,28(2):18-20,39.

[99] 孙宝琛,时银水,朱岩,等. 一种用于雷达模拟器的 RCS 时间谱模型[J]. 现代雷达,2007,29(7):93-96,100.

[100] 王春红. 基于高斯混合密度模型的医学图像聚类研究[D]. 南京:江苏大学硕士学位论文,2008.

[101] 袁礼海,李钊,宋建社. 利用高斯混合密度模型实现概率密度函数逼近[J]. 无线电通信技术,2007,33(2):20-22.